在日常生活中，

我们的完整性体现为觉醒，

体现为全然的觉知。

觉知是人类与生俱来的能力。

Falling Awake

How to Practice Mindfulness
in Everyday Life

觉醒

在日常生活中练习正念

〔美〕**乔恩·卡巴金**

（Jon Kabat-Zinn）

著

孙舒放　李瑞鹏　译

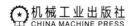

机械工业出版社
CHINA MACHINE PRESS

北京市版权局著作权合同登记　图字：01-2022-2754号。

图书在版编目（CIP）数据

觉醒：在日常生活中练习正念 /（美）乔恩·卡巴金（Jon Kabat-Zinn）著；孙舒放，李瑞鹏译. — 北京：机械工业出版社，2023.11（2024.7重印）

书名原文：Falling Awake：How to Practice Mindfulness in Everyday Life

ISBN 978-7-111-74127-5

Ⅰ. ①觉… Ⅱ. ①乔… ②孙… ③李… Ⅲ. ①心理学—通俗读物 Ⅳ. ① B84-49

中国国家版本馆 CIP 数据核字（2023）第 221430 号

机械工业出版社（北京市百万庄大街22号　邮政编码100037）
策划编辑：欧阳智　　　　　　　　责任编辑：欧阳智
责任校对：梁　园　许婉萍　责任印制：张　博
北京联兴盛业印刷股份有限公司印刷
2024 年 7 月第 1 版第 3 次印刷
130mm×185mm · 6.5 印张 · 2 插页 · 113 千字
标准书号：ISBN 978-7-111-74127-5
定价：59.00 元

电话服务　　　　　　　　　　　网络服务
客服电话：010-88361066　　　机 工 官 网：www.cmpbook.com
　　　　　010-88379833　　　机 工 官 博：weibo.com/cmp1952
　　　　　010-68326294　　　金 书 网：www.golden-book.com
封底无防伪标均为盗版　　　机工教育服务网：www.cmpedu.com

什么是"培育正念"？

尽管在任何时刻，我们都可以体验正念并让自己感受到这一体验，但毫无疑问，对于人类来说，正念是世界上最难以持续探寻的事情（虽然它并不是一件"事情"）。

这份邀请总是相同的：暂停一刻，就一刻，然后"坠入"觉醒[⊖]，这就是全部。暂停与"坠入"——即使是在最短的瞬间里，你也能"坠入"此刻的体验，并如其所是地觉察这份体验。就在此刻，这个被我们称为"当下"的

_____

⊖ 卡巴金博士在这本书中多次用 falling awake 和 drop into wakefulness 来描述觉醒。本书的英文书名即为 Falling Awake。Fall 有坠下、落入的含义（正如 falling in love，坠入爱河）。坠入觉醒则巧妙地传达了一种不费力的且随时可进入的状态。——译者注

永恒时刻是我们唯一能够真正拥有的时刻。

幸运的是，如果我们因为被干扰（比如陷入某种思绪、情绪或者那些看起来永无止境的待办清单之中）而错失了这个时刻，那么我们永远都可以在下一刻重新开始：暂停，觉醒。

这看起来十分简单，而事实也的确如此。

但这并不容易做到。

实际上，在一个瞬间保持正念，除了正念觉察外，没有任何其他事情要做——这大概是人类在这个世界上所能完成的最困难的事情。对我们人类来说，将两个正念的时刻连在一起则更加困难。

矛盾的是，正念并不需要我们去"做"什么。实际上，它是一种彻底的无为。在每一个无为的瞬间，都有着平和、洞见、创造力以及人们在面对旧有习惯时所迸发出的新的可能性。在此刻，或者在任何无为的时刻，你都已经足够好、足够完美。因而，在此刻，你已经在以一种深刻的方式，处于真正的"家"中。这远远超出了你所以为的你，以及那些可能会影响你的想法和观点，这些想法会严重限制你对"完整性"（fullness）的感知，让你没有办法去体验"完整性"并从中受益。"完美时刻"只存在于头脑中，这一点是最有趣的。实际上，你只会在"此刻"觉醒。

这并不意味着你无法完成任务。你或许没有觉察到事情是如何被完成的，也或许会使行动来源于存在本身（一种真正的无为），相比较而言，第二种做法要好得多。这样的行动更有创造力，甚至毫不费力。当我们的行动来源于存在本身时，它便成了爱的一部分，即与觉知之间的爱、与栖居于自己的内在的能力之间的爱，并且，我们可以把这份爱分享给所有人（所有将行动建立于存在之上的人）。

不过，这并不意味着，在正式冥想练习过程中以及人生之中，你的体验一直会是愉悦的。正如这四本书[⊖]所详细描述的那样，一直体验愉悦是不可能的。正念具有价值的唯一原因，就在于它帮助我们全然而深刻地直面这份挑战：无论体验是愉悦的、不愉悦的、中性的，是自己想要的、不想要的，哪怕体验是可怕的、不可想象的，我们都要充满智慧地处理自己与这些体验之间的关系。在你人生中某个特别的时刻，如果痛苦是你最主要的体验，那么正念可以帮助你面对和拥抱这些痛苦。

在学校里，我们没有怎么学习过"无为"，但是，大多数人在童年时期都有过"什么也不做"的时刻和经历。实际上，我们有非常多这样的经历。比如，有时候这种"无为"体现为好奇心；有时候这种"无为"看似是在玩耍；有时候这种"无为"表现为对他人的关心、一个充满

⊖ 分别是《正念地活》《觉醒》《正念疗愈的力量》《正念之道》，均由机械工业出版社出版。

善意的时刻。

换言之，正念关乎存在（being），就像英文中"human being"（人类）本身就包含"being"（存在）。正念关乎此时此地的生命本身，你要通过觉知来拥抱生命本来的样子。不论你有怎样的体验，都要学会在此刻的体验中栖居，而不必相信它是"你的"。毕竟，如果你仔细观察，你会发现"你"也只是思维建构出来的。你可能会发现，你所认为的自己是很小的，并非真正的你。在一瞬间，你就可以认出你存在的全部维度有多广。你已经足够完整。与此同时，你是一个更大的整体的一部分（不论你如何定义这个整体），而那个更大的整体（让我们称其为"世界"）极度需要那个全然具身化的（embodied）、更有觉悟的你。

在日常生活中，我们的完整性体现为觉醒，体现为全然的觉知。觉知是人类与生俱来的能力，而我们几乎从不留意、感激这项能力，从不学习如何栖居于其中。讽刺的是，你早已拥有这项能力，因为它是你与生俱来的。所以，你不需要去设法"获得"它，只需要熟悉自己"存在"的这个维度。实际上，比起其他与"你"有关的一切，比如你的想法和观点（拥有自己的想法和观点是很重要的，不过不要把它们当作绝对真理），你觉知的能力则更加贴近真正的你，对你的帮助更大。

悖论如此：在完整性上，我们已经是我们自己。这意味着在正念的培育中，你没有任何意义上的"其他地方"可去、"其他事情"可做，也没有任何被你错失的、"应该"有的特殊体验。"你可以拥有任何体验"这个事实本身就已经极其特别。讽刺的是，这个真相几乎从未被人们发现。人们想要寻求某种特殊的体验，却似乎常常因为寻求不到而感到痛苦。你可能会认为，如果冥想做得很"正确"，你就会拥有完美的冥想体验。

不论你的惯性思维告诉你什么，实际上你并不需要"获得"什么，因为你并没有错过什么，也并不缺少什么。如你所是，你已然完整，已然存在于此刻，已然美丽。因此"提升"是不必要的或不可能的。就是这样！

生命在这一刻存在着（以"你"和"我"的形式），在我们称为"当下"的永恒时刻里并在各个维度上存在着，我们要"意识到"（realize）这一事实，并且要理解它。否则，这是我们唯一可能错过的事情。没有语言可以描述这一事实（以及它的力量与美），如果只是巧妙地将相关想法表达出来，那也并非直接的理解。在这里，我们进入诗歌的纯净领域：我们试图用语言来超越语言，以传达我们无法在散文句子中读到的内容。我们正在进入我的一位同事所说的"具有启发性和整体性的意义"的状态——一种发自内心的、更直接且深刻的体会和了知[⊖]，这远远超越了我们之后描述这份体验时所使用的文字和概念。或许，正是这种能力决定了我们是人而非机器。正是在这里，我们开始接触具身正念练习领域。

觉知的神秘就在于它真正超越了语言，它产生于我们的存在。我们已经拥有它了，一直如此。矛盾的是，我已经用了这么多词语来引导你去了解你已经拥有的能力，去意识到你已经是你自己——作为人类的真正的你。通过语言来"指向"觉知，我希望通过这种方式可以超越语言和故事，与你在直觉层面上产生共鸣。

本系列中的每本书都包含了十几万字。然而，它们仅仅是指针或者瞄准线，让你一刻接一刻不断地暂停并"坠入"其中去看、去感受。指向或瞄准的对象是什么呢？是在此刻对你而言最相关、最重要的那些事情，是此刻的现实。

暂停并"坠入"简单吗？简单！你可以做到吗？当然可以！它包括行动吗？不好说，包括，也不包括。它仅仅是看起来包括行动，而它真正包括的是自然地"坠入"觉醒。如我们所见，这是一份爱，与"如其所是"之间的爱，与下一刻所有的可能性之间的爱（如果你愿意在当下

⊖ "knowing"，此处及本书多处都将其翻译为"了知"，意为明白、知道。——译者注

保持全然临在并对结果没有期待和执念）。

如果你认为冥想是一种"行动"，那么你就不必追求它了。除非你也认识到，在看似疯狂或荒诞无稽的"无为"中有一种方法。在中国禅的传统中，这有时又被称为"无法之法"。如我在《正念地活》一书中所述，在这里我们要意识到工具性的（行动、完成事情）与非工具性的（无为）方式之间的统一性。我们"内在的觉醒"不能被宣扬、不能被售卖、不能被摧毁，它只能被指出、被意识到。意识到它的唯一方式是暂时跳出旧有的模式，简单地暂停并坠入觉醒（比如，可以通过感官来体验，这是一个简易的具体操作方法）。

我们可以来试验：在此刻回归我们的感官，这是可能的吗？我们能够只是听到此刻的声音吗？我们能够只是看到此刻所看到的吗？我们能够只是感受此刻的感受吗？我们能否完全觉醒，意识到此时此刻的现实，意识到（可能被称为）"我们最真的本质"——那埋藏于一切想法、概念、观点、世界模型、哲学、学术等之下的东西。有些自相矛盾的是，想法、概念等可能都是美好的（只要你不过分执着于它们），但它们没有一个是觉醒过程所必需的。关键是不把这些想法、概念等认同为"我"或者"我的"，因为对于这些代词称谓究竟指什么，我们实际上并不真的清楚（或者只是有概念而已）。因此，仅仅询问"我是谁"，然后暂停并坠入觉醒、进入想法之下的"不知道"（not-knowing），这是一切冥想练习的起点和终点。暂停并坠入觉醒。何时？任何你记得的时候。现在怎么样？现在没有什么需要改变。你无须做任何事情，只要记得就好。

*

随着世界变得越来越复杂，我们的日子不仅充满了无尽的待办事项——随即便需要完成这些事项，还有许多不得不做些什么的时刻。如此，我们越来越容易被我们头脑叙述的故事带走：关于在这一切中，正在发生什么以及我们是谁；关于我们正去向何方，希望自己去哪里或者害怕自己也许并未在路上。如此，在这个过程中，我们与本来在此的生命的美丽与奇迹失去了联结。

我们在自己的头脑中建构身份、议程以及未来。于是在这些建构中，在关于现实的模型和自己的想法中，我们失去了自己。即使建构是真实的，也只是在某种程度上是真实的而非完全真实，通常是不够真实的。可我们太忙了，太埋头于我们生活中的所有事务，以至于我们不记得这一点——我们也可以觉醒。我们如此轻易地让自动导航成为我们的默认模式。我们进入熟悉的思维模式和情绪化的生活，被卷入一个又一个议程，并通过我们的电子设备和所谓的"无限的连接"，变得越来越沉迷于那些让我们分心的东西。于是，我们看不到展现在自己眼前的事物，看不到"此刻"所召唤的。

正念的培育，包括正式的和非正式的两种方式，可以让我们在这些"泡泡"（我们大脑中的建构）升起的时刻或者一旦我们认识到它们正在发生的时候就将其戳破。假如我们真实地对待我们的人性及其丰富性，我们就会了解：正念的培育可以帮助我们恢复并展现我们自身隐藏的维度，而我们此时比过去任何时候都更需要它们。我们谁都不想在墓碑上铭刻"我本应该花更多时间来工作"或者"我要是更加分心、不专注就好了"，但是我们中很多人却以这种方式来分配能量、使用时间，这其实是一种"错过"。正念能够平衡所有这些，而不强迫它们停止。在当下这个永恒的时刻，需要停下来的只有我们。

既然这本书是关于如何在日常生活中进行正念练习的，那让我们弄清楚一点：除了日常生活本身，再无其他。

日常生活不需要排除任何事情，包括在任何时刻我们可能会出现的想法和情绪。本质上，无论发生什么，都是在我们的生活中发生的。因此，发生的一切都可以成为那一刻正念"功课"的一部分（如果它反复出现，那么它就会在很多时刻里都成为"功课"的一部分，有时候"功课"不会轻易放过我们）。最终，不仅仅是正念练习的时间，我们所有的时间都可以用来培育正念。生活本身就是"功课"，生活本身变成了冥想练习。

这就是正念的培育以及实现感官觉醒的本质（无论从字面上还是从隐喻层面来说）。如果只有这一次生命，我们会在梦游中度过，会迷失在自己的想法、情绪以及大脑叙述的故事中吗？我们会找到办法觉醒，意识到此刻的完整性，接纳一天中任何时刻发生的一切吗？这本书邀请你（我应该说"我们"，因为我也不例外，还包括数以百万计的在一起探索这种生活方式的人），在一天中的每时每刻来练习"坠入觉醒"（falling awake）。同时，邀请你在特定的时间进行正式练习，安排专门的时间来专注地练习，在这段时间里不需要进行或完成任何其他议程，哪怕是"要更好地冥想"的议程。在任何时刻你的体验都已经完整，因此无须改善。我们是否真的在这里，是否与这份体验同在并且知道在任何特定时刻所发生的正是那个时刻里我们的"功课"，这些才是真正的挑战。接着，我们会意识到，正如《纽约客》杂志漫画中两个修士在冥想后的谈话那样："接下来无事发生，如此而已。"

通过这些文字，我们从始至终都在培育具身化的觉醒（embodied wakefulness）。实际上，每一章都是一扇不同的门，它们通往同一个房间——觉知。每一扇门和我们的每种感官都有其独特而奇妙的功能。不过,无论选择哪扇门,我们最终进入的房间都是自己的觉知,这一点是统一的。坐下来,在练习中"扎根"(无论从字面上还是从隐喻层面来说),无须对每时每刻的体验进行审视或者评判。尽我们所能,不去执着地询问自己是否正在获得"好的"冥想体验,或正在体验的是不是"该有"的体验。无论体验到什么,如果我们对这些体验本身有所觉察,那么对于那个时刻(以及体验本身)来说,我们所体验到的一切都是完美的。

真正的问题是你如何与任何特定时刻所发生的一切建立联系?换句话说,你能否把正在体验到的一切抱持在觉知之中,不以任何方式对其进行评判,或者不根据体验(愉悦的、不愉悦的、中性的)来创造出你会相信的某个故事?如果你愿意栖居于此刻的一切体验(想要的、不想要的或几乎没被注意到的,愉悦的、不愉悦的或中性的)之中,就要与体验(包括"我们是如此喜欢评判"的体验)建立一种新的联系。这带来了一种新的可能性——栖居于自由空间的可能性,这个空间远大于你的好恶,远大于你对于这个世界如何运转或不运转的理解。因此,即使是在最短的时间里,正念也会邀请你以自己当下本来的样子存在——超越了你的名字,超越了你创作的"我的故事",超越了你的想法。

你将发现的（正念）不是什么秘密，但它是一个隐藏的金矿。它是被你的觉知所拥抱着的清晰视野，因此更有智慧。正念是安住，因此我们的心能够坚定安稳，被深切的关怀滋养。正念是一场与生命的内在之爱，超越了关于"我们是谁、世界是怎样的"这些微不足道的叙事。正如我在《正念地活》一书中提到的，这是一个充满了爱与理智的根本行动：去理解我们在自己的完整性之中究竟是谁、是怎样的存在，世界在其完整性中究竟是怎样的。正念给我们带来一种新的可能性——在这个世界上更智慧地行动，并在每时每刻、日复一日里，去体验这样的行动所带来的疗愈、转化和自由。

所以，建议你把自己投入到这本书提供的正式和非正式的练习中去，就像今天是最后一天一样，就像你的整个生命都悬于天平之上一样。因为从非常真实和重要的层面来看，你的生命确实危悬于此。同样地，无论是在这个世界上、家庭中、你做的任何事情中，还是在表达自我的方式中，你保持临在和发挥作用的全部潜能也危悬于此。

你的投入需要一定的纪律和决心。如果可能的话，这意味着无论是否喜欢，你每天都需要把你的臀部放在冥想垫或者椅子（或床）上，并且使静坐的时间比你感觉舒适的时间更长一些。这意味着你要为不可避免的不适、不耐烦、无聊、心的游移以及一切其他困扰做好准备。这也意味着无论体验是你想要的、不想要的，还是愉悦的、不愉悦的、简单的、困难的，你都需要邀请这些体验作为老师，帮助你来建立与它们之间的关系。尽管有时候你感觉这似乎是一种折磨，但事实上这并非折磨，而是自由——不被你自己的好恶或无尽的故事囚禁的自由，因为这些故事都不够真实。在这面镜子中，心觉醒了。它会认识自己，友善地对待自己和一切体验。在这个过程中，你会更清楚如何"存在"，并知道在需要行动时来做些什么。

玩得开心！保持联系，尤其是与你自己的联系。要知道，你不是一个人在孤单地以各种方式培育觉知。我们同在其中，都在竭尽所能地投身于正式与非正式的练习之中，并努力真正看到和理解当下所发生的一切。

乔恩·卡巴金

加利福尼亚州，伯克利

2018 年 2 月 20 日

目 录

谁创造了世界？

谁创造了天鹅和黑熊？

谁创造了草蜢？

我的意思是，这只草蜢——

这只，她跳出草丛，

这只，她正吃着我手中的糖，

她移动下颚，时而向前，时而向后——

她用那巨大而复杂的眼睛凝视着。

现在，她抬起前臂，仔细地洗脸。

现在，她猛地张开翅膀，然后翩然飞去。

我并不知道究竟什么是祈祷。

但我确实知道如何留意、如何掉入草丛、

如何跪在丛中、

如何变得闲散和幸福、如何在野地里漫步，

这是我整日都在做的事情。

告诉我，我还应该做些什么？

一切终将指向死亡，并且死亡来得如此之快，难道不是这样吗？

告诉我，对于你唯一狂野而宝贵的人生，

你的计划是什么？

——玛丽·奥利弗，《夏日》（The Summer Day）

第一部分

感官世界：你唯一狂野而宝贵的人生

第一章

感官之谜和感官的魔咒

若用心沉思，每一件物品都会为我们打开
一个新的感官。

——约翰·沃尔夫冈·冯·歌德

能够看到、听到、移动和行动的，必是你的本心。

——普照知讷

细细想来，我们的感官和它们所呈现的一切，在方方
面面都令人难以置信。即使我们真的欣赏这些感官带来的
各种感觉，我们也常常将它们视为理所当然，并低估它们
的广度和深度。为了理解我们的经验并把我们自己置于现

象学的世界之中，我们的感官巩固了我们的某种能力，即积累和发展海量智能的能力。现代神经科学研究表明，我们的感官不止五种。与我们的感官保持联系，与感官为我们向内和向外打开的世界保持联系，这正是正念和觉知的本质。留意感官可以帮助我们更多地留意日常生活中的"觉醒"、智慧和万事万物的相互依存关系。

在一些特殊情况下，我们的感官会变得异常敏锐。据说居住在澳大利亚内陆地区的原住民猎人具有敏锐的狩猎视觉，他们可以用肉眼看到木星的大卫星。当个体某种感官在两岁之前丧失功能的时候，个体其他的感官似乎就会变得超乎寻常地敏锐。许多研究都证实了这一点，即使视力正常的人在较短的时间内（从几天到几小时）被剥夺视觉也会如此。用奥利弗·萨克斯（Oliver Sachs）的话说，这些人表现出了"显著增强了的触觉及空间敏感度"。

仅仅通过与人们共处一室，海伦·凯勒（Helen Keller）就可以利用她的嗅觉来判断那些人们所从事的工作。"木头、铁、油漆和毒品的气味依附在人们的工作服上……当一个人快速地从一处走到另一处时，我能闻到他途经之地的气味，比如厨房、花园、病房。"

各种独立的感官（我们倾向于认为它们的功能各不相同）为我们呈现出世界的不同方面，并促使我们从原始的感觉印象及我们与其的关系中建构和认识世界。每种感觉都有其独特的属性。在这些感觉中，我们不仅建立了"外面"世界的"图像"，还建构了意义，培养了我们每时每刻将自己置身其中的能力。

从那些先天或后天丧失了一种或多种感官知觉的人们的经验中，我们可以了解到很多关于自己的事情以及我们认为完全理所当然的事情。我们可以仔细思考这样巨大的丧失（至少对我们来说是如此）的体验，并从那些在这种限制条件下依然能够找到方法来全然活着的人身上获得洞见。我们可能会更加感激此刻自己能够使用的感官之恩赐，更加感激我们所拥有的无尽潜能之恩赐，我们将用这无尽潜能来服务我们自己有望不断提升的觉察能力（即对生活内在和外在风景的觉察）。我们只能通过多种感官和我们的心智能力（包括了知、感觉等综合能力）来获得对万事万物的认知。

海伦·凯勒写道：

我又盲又聋。与失明相比，耳聋的问题更深入、复杂。耳聋是一种更糟糕的不幸。因为这意味着最重要的刺激的丧失：声音带来语言，启发思想，使人们留在智性的陪伴之中……如果我能再活一次，我应当为聋人做更多的事情。我发现耳聋是比失明更严重的感官缺陷。

诗人大卫·赖特（David Wright）将他耳聋的经历描

述为一种对声音感觉的缺乏：

假设这是静止的一天，绝对静止，没有一根树枝或一片叶子在动。在我看来，尽管树篱里到处都是嘈杂和看不见的鸟儿，但它们似乎像坟墓一样安静。然后来了一股空气，那足以使一片叶子震颤。我看到和听到这动静，像是一声感叹。虚幻的寂静被打破。我看见了，好像听到了，一阵"视觉的风"在树叶间喧哗……有时我需要刻意地记住，我并没有"听到"任何东西，因为没有什么可听的。这样的无声包括鸟类的飞行和运动，甚至包括鱼儿在清澈的水中或水箱中游弋。于是我认为，至少在一定距离开外，大多数鸟类的飞行，必然是静默的……然而这似乎是可听的，每一种生物都创造出不同的"视觉音乐"，从海鸥的冷漠忧郁，到山雀的断奏……

约翰·赫尔（John Hull）在他四十多岁时完全失明，他经历了逐渐失去所有视觉图像和视觉记忆的过程，之后陷入了他称为"深度失明"的状况。据萨克斯医生在《纽约客》杂志上关于感官研究的记载，赫尔是一个"全身的见者"（赫尔以这个短语来描述他的深度失明的状态），他可以把注意力和重心转移到其他感官上。萨克斯指出："赫尔一次又一次地写下这如何成为一种新的财富和力量。因此，他说到雨声现在是如何为他描绘出一幅完整的风景画的（他以前从未关注过雨声），因为在花园小径上的雨声不同于在草地上或者在花园灌木丛中的雨声，也不同于把路与花园隔开的栅栏上的雨声。"

"雨水可以勾勒出万物的轮廓，它给以前看不见的东西盖上了彩色的毯子，这不再是一个断断续续、支离破碎的世界，不断落下的雨滴创造了听觉体验的连续性……同时展现了整个场景的整体性……让人感觉到一种远景，感觉到世界上的某一部分与另一部分的实际关系。"

萨克斯所说的"从未关注过"说明了一点：对于缺少一种或多种感官的人而言，必要性会促成这种关注。然而，我们不必经历失去视力或听力或任何其他感官能力，就可以增强这种关注。这是一份正念的邀请：在与世界接触时，与我们的感官印象相遇（请参阅《正念地活》），并全然了解感官世界中的一切，徜徉于它的丰富性之中，而不是通过忽视、习惯性的感官迟钝以及赋予它们和我们自身意义的方式来减弱它们。

有些人丧失了一种或多种感官能力，但是他们通过非凡的身心调节而过上了充实的生活。我们可以有目的地从自然世界中学习。这个世界正在向我们招手，并把其自身毫无保留地向我们的所有感官同时展现出来。在这个世界上，我们的感官能力被培养和锻炼。其实，从一开始，我们就已经毫无隔阂地融入了这个世界。

实际上，任何时刻我们都在同时通过所有感官来感知，尽管我们通常不会留意这一点。赖特和赫尔甚至描述过已经丧失了的感官感受。赖特必须提醒自己，他并没有"听到"自己所看到的，因为世界对他而言只是"似乎有声"，只是以"视觉音乐"的形式呈现。而没有视觉经验的赫尔却说"彩色的毯子"盖住了"以前看不见的东西"，这暗示着通过仔细聆听，他确实变得"可以看见"那些画面了。

这些感官感受交叠融合在一起，互相影响，这种体验被称为"联觉"（synesthesia）。在存在的层面上，我们并非支离破碎，向来如此。每时每刻，感官感受融合在一起，形成我们对世界的认识。不过我们常常意识不到这一点，这反映出我们与自己的感官、自然世界之间的关系是疏远的。

大卫·艾布拉姆（David Abram）在《感官的魔咒》（*The Spell of the Sensuous*）一书中深入地探讨了现象学与自然世界的交叉。自然世界被所有居住于其中的生物所感知，包括在野外生活时的我们。自然世界向我们分享了感官矩阵的丰富维度，这些维度孕育了我们，哺育了我们数十万年。

乌鸦在头顶盘旋时，它喉咙里发出的叫声并不仅仅局限在某个严格的可听范围内。叫声在可见的景物中回响，与乌鸦乌黑外形相称的粗犷风格及特别的气氛立即使视觉景观变得生动起来。各种感觉从我这孤零零的身体中发散出来，又连贯地汇聚在可感知的事物上，就像我两只眼睛的不同视线汇聚在乌鸦身上，聚合成为一个焦点那样。感官在我所感知的事物中相互联系着，或者说，每一个被感知的事物都以一种连贯的方式将我的感官聚集在一起，这使我能够将事物本身作为力量的中心，作为另一个体验的纽带，作为"他者"（Other）。

因此，感知行为来自我的身体和事物（以及各种感觉系统）之间的相互作用。事实上，它们之间是不可分离的，因为只有感官系统相互"交织"，我的身体与它所感知到的事物才能相互"交织"，反之亦然。身体感官的相对分散（眼睛长在脑袋前面，相对而言耳朵比较靠后等）和它们奇怪的分布（不是一只而是两只眼睛，两边各一只，类似地，两只耳朵，两个鼻孔等）表明我的身体注定是面向世界的，这确保我的身体是一种开放的回路，它只会在他人、事物及我所在的地球中使自己完整。

沉浸在自然世界中，我们只需通过感官来认识世界。同时，不管是正在寻找午餐的蚊子，还是在树林中通报我们的到来的鸟儿，虽然它们不是人类，但它们也在通过感官和自己的方式来认识、感知我们。尽管与狩猎采集的祖先相比，我们的感官可能由于较少使用而变得有些"迟钝"，但我们一直是这片土地的一部分，在这片土地上长大并仍然得到了这片土地的所有馈赠。用亚伯兰那句极具吸引力的话来说："所谓'感官的魔咒'，不过是雨的声音、皮肤上空气流动的感觉、背部阳光的温暖、靠近你的狗时它注视着你眼睛的眼神。我们能觉乎？能知乎？能被其拥抱乎？何时可以？何时？"

第二章

看

　　我们每天都在通过不同的媒介不停地"看"，比如镜头、望远镜、电视……我们看的方式变得越来越多样化，但我们真正看到的却越来越少。我们是观看者、旁观者……我们是"主体"，被看到的是"客体"。谈及"看到"，我们从未如此应接不暇。我们迅速地给一切贴上标签，以求一劳永逸。通过这些标签，我们可以识别一切，却不再能真正看到任何东西。

——弗雷德里克·弗兰克，《视觉之禅》

　　我家附近有一片田野，从某个角度看，它特别赏心悦目。每天我带着我家的狗一起散步时，都会从这片田野边经过几次。有时我独自一人带着狗，有时我和别人一起，有时我甚至连狗也不带。即使是一个人，我也不会觉得无聊，因为这片田野不断地为路人提供光与影、形与色的课程。此课程是一种挑战，因为人们需要以各种方式去感受、理解那些传递到眼睛、耳朵、鼻子、上颚和皮肤的一切。每天、每小时、每分钟、每一朵行云、每一种天气、每一个季节，都使这里呈现的景色有所不同。随着光线、温度和季节的变化，景色也在不断发生变化。如同莫奈被山脉和峡谷的风景以及干草堆的田野吸引，于是，随着时间的推移和季节的变换，他在同一个地点，在多个画架上作画，来捕捉那些难以被捕捉的光及其形状、纹理、颜色、阴影和形式的神秘诞生过程。我们面临的挑战是能否真正看到，这种景色实际上在我们所生存的世界中无处不在。这片特别的田野坐落在一个坡度平缓且高低不平的山坡上，两块露出地面的粗石使它更显高低不平。这片田野影响着我，它对我有一种特别的催化作用，尤其是当我从下往上看这片田野的时候。凝视着它，我不知怎么地被改变了，被重新调整了，并能更加精细地关注自己内在和外在的景色。

　　这片田野是在山上，向东倾斜，它的上方和下方（即北面和南面）是两片平整的自然保护区，而这片田野则杂草丛生。这片田野北面面向一间褪色的红色谷仓的背面，再远处是一条铺着鹅卵石的车道和一座古老但保存完好的新英格兰农舍，这座农舍是白色分段式的，显然，这么多年来人们巧妙地将它向那条最古老、最近的公路方向进行了扩建。这就是北面自然保护区的情况。而另一个自然保护区位于南部，它和这片田野被栅栏隔开了，这个保护区旁边是两排高大的橡树和樱桃树，还有低矮的石墙（其上方是拱形的）。这个自然保护区的历史毫无疑问可以追溯至殖民时期——最初，人们为了在这片土地上播种而对它进行了清理，将挖出的所有黑花岗岩都堆积在边上。

这片田野如此吸引我的眼球。它周围有三排木栅栏，每根栅栏柱子上都有两根几乎看不见的电线，由非常显眼的黄色间隔物隔开，这些栅栏架在那里以容纳我们的农民邻居所养的两头小母牛，它们是他的"孩子"。栅栏勾勒出了一个明显不规则的五边形，很长一段时间以来，我一直将其视为矩形，后来又觉得它像梯形，只有通过长时间的凝视，我才能看出它实际是个五边形。这片田野所在的山坡东高西低，田野西侧最低的栅栏和东侧较高的栅栏平行，这两条边与南边相连，就好像它们是长方形的长边，较短的南边直直地向山坡上延伸，平行于它南部的两排树和石墙。这三条边的布局大致如此，剩下那两条边都在较为偏北的位置。在两条平行的边中间西侧的那条边的北端连接着另外一条斜边，这条斜边越过西侧山坡底部的小牛棚，斜向东北方向在山上切出一条路，在尽头处垂直于最短的第五条边，二者相交处有一扇门。这种格局使田野和栅栏都具有质朴不羁的外观，与山丘的轮廓相吻合，完美地融入了这片风景。从西南角（我最喜欢的位置）望去，除牛棚内部以及在我的视线中被牛棚遮挡的东西外，我可以看到整片田野。

我喜欢这片特别的田野。出于某些神秘的原因，走在它下面时我会自然地凝望它，这使我所看到的事物变得富有生命力。忽然间，世界上的一切都变得更加生动起来。

此刻，我坐在树荫下，从西南角向东北方向眺望山丘。这是 7 月 4 日的上午，太阳高悬于空，使田野沐浴在强烈的光与热中。一条狭窄而不断扩张的阴影从一排树的右边向南延伸。田野杂草丛生，高高的草已经干枯得成了褐色和金色，完全结籽了。许多没有被奶牛吃掉的野菊花一簇簇地组成大水滴的形状。白色的蝴蝶翩跹飞舞，偶尔有一只大蜻蜓低空飞过，就像令人难以置信的石炭纪奇妙生物一样，蜻蜓用两对精美透明、功能强大的羽翼追寻着蚊子。在我前方西南角的田野上孤零零地长着两丛灌木，还有几棵大树从两侧遮挡了棚子。今天原本就让人有一种炙热朦胧的感觉。我身后的天空是蓝色的，几乎无云，而在我的视野里，田野上方的天空被远方高处的大树环绕着，这片天空完全是白色的。

我坐在草地上凝视了一会儿，然后沿着田野和农舍下方的小路往回走，我左边那片红色酥油草看起来比我来时更红。现在我看到草丛中到处都是紫色的大斑点，可能是开花的野豌豆，而我之前几乎没有注意到。大草坪边缘的黄色百合争相盛开，像一个个剪出来的圆圈，它们此时更黄了。百合在微微颤动，一阵微风几乎能够使它们跳跃起舞，在我眼中这比之前更为明显。我看到附近的蜻蜓比之前更多，并且留意到燕子在离高高的草比较近的上空如何轻掠俯冲，如何在草坪上来回穿梭，来到条纹般一畦畦橙色、粉色、红色、蓝色、紫色和金色的花田（农夫很爱他的花），所有这些都被亮黄色的雪松和它那汁水充盈的绿叶所围绕，这片花圃坐落在农舍下方的巨大草坪边缘，花圃周围砌有两层高的石头墙。

我沿着农舍下方这条小路继续前进，然后右转，沿山路上坡（这一直是同一座山），然后朝我的房子走去。我知道今天晚些时候，我会沿着相同的轨迹走，但田野及小路的景色将完全不同，并且这种差异也会使我不同，会要求我有所不同，这意味着无论我何时来到这里，都需要对（呈现给我感官的）一切保持临在。无论在夏天或冬天、春天或秋天、昨天或今天，无论在雨天、阴天或雪天，还是在星空下的夜晚里，我总是来到这里，我需要对一切保持临在。它一直就在这里，如其所是，总是同一片田野，但从不一样。

走在这些小路上，当我保持全然的临在，允许自己进入并活在感官中时，我与我看到的风景之间的"分离"就越来越少。在看的瞬间，主体（看者）和客体（所见之物）彼此融合，否则就不是真的看到。有一刻，当我在脑海中进行描述时，我和风景是分离的。下一刻，没有场景，没有描述，只是存在于此，只是看到，只是通过眼睛和其他的感官来进行深度感知。感官是如此纯净，它们已经知道如何吸收这里所呈现的一切，没有任何特定方向，没有任何叙述或想法。在这样的时刻，只是行走、站着、坐着，或者只是躺在田野里，只是感受空气。

在所有感觉中，视觉，即眼睛的领域，在语言和隐喻方面占主导地位。比如，我们会说对世界和自己的"看法""观点""洞见"。我们敦促彼此先"看看"（looking），然后真的"看到"（seeing），看到（seeing）不同于看（looking），就像听到（hearing）不同于听（listening），闻到（smelling）不同于闻（sniffing）。看到（seeing）是理解、抱持、吸收、留意关系（包括关系中的情感）并感知此时此地的实际情况。卡尔·荣格（Carl Jung）指出："我们不应该假装仅仅在通过思维能力来理解世界，我们同样在通过感觉来理解它。"马塞尔·普鲁斯特（Marcel Proust）这样说：

真正的发现之旅不在于寻找新的风景，而在于拥有全新的视角。

我们只是看到（see）我们想要看到的，而非眼前实际的样子。我们只是看（look），但可能没有理解。我们都有自己的盲点，但如果愿意，我们可以像调谐乐器一样调整我们的"看"，来扩大视野范围，提高"看"的灵敏度、清晰度，增强"看"时的同理心。我们的目标是更加如实地看到事物的本来样子，而非我们希望它们或害怕它们成为的样子，也不仅仅是看到那些我们习惯于看到或感觉到的东西。如果荣格是正确的，我们确实可以通过感觉来理解，那么我们也最好能够熟悉这些感觉并了解其本质，否则这些感觉只会提供扭曲的镜头，令我们无法真正地看到和了解。

我们自己的心智常常限制我们清晰地看见事物的能力，对其他感官亦是如此。因此，如果希望全然生活，我们就需要训练自己去穿越事物的表象。我们需要熟悉了解思维之流，因为思维影响着感官领域的一切。如此，我们去感知内部和外部的风景（包括各种事件），一直到我们能够如其所是地了解它们真正的样子。

※

从这里开始，你想记住什么？
阳光如何沿着光亮的地板爬行？
什么样的古木气味在飘荡，何种柔和的声音在外回荡？

你是否会为世界带来
比你所拥有的"呼吸着的尊严"更好的礼物？

你现在去哪儿？是否在等待时间
来展示某些更好的想法？

当你转身时，从这里开始，你会重拾
你发现的新景象，
把所有你想从这一天里得到的一切带入夜晚。
你用来阅读或聆听此诗的
这一会儿间隔，为生命保存它吧——

从这里开始，就在这个房间，当你转身时
谁能比当下给你的更丰富呢？

——威廉·斯塔福德，《此刻的你，准备好了》

第三章

被看见

　　有时，我和妻子麦拉会与来到正念父母心工作坊的人们做一个练习：回忆童年的某个时刻，这个时刻你感觉自己本来的样子被一个成年人（不一定非要是父母）完全地看到和接纳，然后，沉浸在这份记忆所唤起的感觉基调和意象中。

　　如果你没有找到这样的童年记忆，而在脑海中浮现出另外一些时刻——在生活中你本来的样子被成年人无视或者完全不接纳的时刻，那么我们会邀请你去留意另外一些时刻。

　　令人惊奇的是，当我们处在这样一个安全的环境中时，记忆中被看到和完全接纳的那些时刻会如此迅速而生动地浮现。儿时与祖母一起挖土的安静时刻、父母在凝视河流时握着你的手的时刻，或是在你不小心把鸡蛋打碎后别人故意也把鸡蛋打碎在地板上的时刻，仅仅因为这样你就不会感到孤单或羞愧。这些记忆是自动浮现的，通常我们之前从未有意识地回忆过。它们一直伴随我们一生，从未被遗忘，因为我们不太可能忘记那些感觉被完全看到和接纳的时刻，即使那些时刻是在我们的孩提时代。

这些时刻大多是没有言语的。这些时刻常常在静默中出现，比如玩平行游戏，即大家只是默然无语地在一起做事，或者只是在一起待着。或许只是一次眼神的交换，一种凝视、微笑或被拥抱的感觉，也可能只是你的手被握着的感觉。但是你知道在那一刻，你被看到、被了解、被感觉到，世界上没有任何事物会比这令你感觉更加放松、平和与舒适。即使这样的记忆只有一份，我们也会永远带着它，永远不会忘记它。它就在那儿，它就在这里，它的意义如此之大，启示如此之多，它于我而言是莫大的荣幸。它是一份巨大的礼物，超越我们所能意识到的。直觉上，我们了知这一点，身体了知，心亦了知。我们以一种非概念的形式了知。在这样的一份了知之中，我们被感动着，并被记忆带到了今天。

　　同样令人惊奇的是，这样的记忆可能很少，还有很多人没有这样的记忆。相反，我们可能会回忆起其他的某些时刻，在那些时刻里我们明显地感到被无视、不被接受，甚至因为我们本来的样子而被羞辱和嘲笑。

　　当然，对父母来说，从这样的练习中得到的信息是，与孩子在一起的每一个时刻都是一个机会，让我们看到孩子本来的样子，让我们无论在孩子哪个年纪都全然接纳他们。既然对于小时候的我们而言"被看到"的时刻如此重要，以至于即使它们稀有，我们也从未忘却它们，那么我们为什么不去留意这份安静的临在所带来的疗愈力呢？我们至少可以在某些时刻去真正看到自己的孩子，超越我们的期望、恐惧、评判，甚至超越我们的希望，如此这般去看到孩子。这些时刻可能转瞬即逝，但如果有人栖居于此并拥抱它们，那么它们就是深深的滋养，是一股由慈爱汇成的氧气，可以直达对方内心。

　　因此我们的关注本身就是值得被关注的对象，它被抱持在觉知中，并被我们看到、感觉到和了解到。因为重要的不仅仅是看到，相对地，被看到也很重要。如果这对一个人是如此，那么，这对所有人也都是如此。

　　看到（seeing）和被看到（being seen）完成了一个

神秘的循环，这种存在的相互性被一行禅师称为"互相存在"（inter-being）。这种存在抱持且安慰着我们，并让我们知道：做真实的自己并在完整性中展现自我，这种倾向本身就是一种健康的冲动。因为，如果"我们实际上是谁"这一点已经被看到、被"认出"并被接纳，我们核心的存在主权就已经得到了承认和接受。

所有这一切都是真正的看见（true seeing）的"相互性"的一部分。当我们那层思想和观点的面纱变得足够薄的时候，我们就可以看到并了解事物的本来面目，而非陷入我们希望它们成为或不愿它们成为的样子，放眼望去，一切都会变得温和、安宁、平和、治愈。这也会被其他人立刻感觉到。于是，它被感觉到、被知道，并且这份感觉非常好。

孩子在被别人看见时能知道并感觉到这份注视的品质和意图，成年人也能感受到。动物也知道这一点，并且能感觉到我们是如何看待它们的，能感觉到我们那一刻心的品质是怎样的，是恐惧的还是高兴的。当然，女性一直都知道某些男性的凝视是不详的、物化的，有时带着掠夺性、侵犯性，而这种目光并不会因为女性的友善和尊重对方的主权而改变。

一些古老的土著传统相信世界能够感觉到我们的目

光，并且会回望我们，甚至树木、灌木丛、岩石也是如此。如果你曾经独自在雨林或树林中过夜，就会知道自己注视和存在的品质能够被感知，能够被艾布拉姆所说的"不只是人类的世界"[⊖]感知。你会感觉到自己真正的样子（可能不是你平时所认为的样子）被真真正正地看到并了知。无论是否感觉舒适，你都是这个充满活力和感性的世界的一个密不可分的部分。

※

只有花园总是奇妙的。已经很久无人照看它了，它又变回了满地种子和野花的样子。它的美并不引人注目，只有仔细观察才会留意到。

——焦亚·提姆帕奈丽，《有时是灵魂》

※

它们就在那儿，神态庄严而不可窥见，
在秋天的燠热里，穿过颤动的空气，

⊖ 此处指的是哲学家大卫·艾布拉姆在《感官的魔咒》一书中通过"不只是人类的世界"（the more-than-human world）的说法来描述大自然和所有生物共处的生态圈。——译者注

从容不迫地越过满地枯叶，

鸟儿在呼唤，与那隐藏在灌木丛中

不可闻见的音乐相应和，

看不见的目光交错了，因为

玫瑰花露出了花容美姿已被人窥见的神色。

——T. S. 艾略特，《烧毁的诺顿》，《四个四重奏》

第四章

听

闲寂古池旁，

青蛙跃进池中央，

水声扑通响。[○]

——松尾芭蕉（1644—1694）

    11 月中旬，凌晨的雨在黑暗中敲打着我头顶上方的屋顶，我每时每刻都能听到这种声音。哪怕只是片刻，我能超越自己关于雨的"想法"而真正听到它吗？我能否如其所是地"接收"这些声音，不带有任何相关概念

○ 此句是日本俳句之圣松尾芭蕉最著名的俳句之一，此处采用的中文译文为我国著名日本文学翻译家叶渭渠先生的译文版本。——译者注

地（包括对声音的概念）预判？我留意到"听"是毫不费力地发生的，我不必刻意做什么。事实上，为了能够真正听到，"我"必须让开。我的"我"是多余的，无须一个"我"在听或者去寻找声音。事实上，我留意到，这恰恰是所有想法的来源，源于期待，源于与我的经验有关的想法。

这是我的试验：我能否简单地让声音进来并让其遇见"耳朵的意识"（这是在纯然的听觉体验中产生的），就像已经在每时每刻发生的那样？有没有可能在某个瞬间把"我"让开，这里只有"听"（hearing），只是让声音进入耳朵，只是让其在耳朵里、在空气中，没有任何修饰，没有任何其他尝试？仅仅是听到这里能够被听到的，因为声音已经在耳门叩响。在开放的静谧中与"听"同在。滴、滴、滴，汩汩声、汩汩声、汩汩声，旋涡声、旋涡声、旋涡声……空气中充满了声音，任由身体沐浴在声音中。在一片静止中，只有雨的声音，有时雨落在房顶上，有时雨被风吹到窗户上，噼噼啪啪作响。纯净的声音进入耳朵，慢慢地充满整个房间。

此时此刻，在遥远的背景中，有这样一种了知：我正坐在这里，雨正在下，而在"思考之前"的体验及在任何隐秘想法的背后都是纯净的声音，只有听到，听者与被听到的声音不再是分离的。只有听、听、听……而且在聆听之中，对声音的了知超越了像"雨"这样的语言，超越了像"我"和"听"这样的概念。这份了知存在于听之中。当下，二者合一。

今早的雨来得如此猛烈、如此引人注目，因此我的注意力可以毫不费力地维持在它上面。在这一刻，我对声音的体验超越了概念性的思维。但情况并不总是如此，甚至常常并非如此，心很容易被思维带走。我们如此容易分散自己的注意力，心可以被带到离耳朵很远的地方，以至于不论雨多么猛烈我也无法听到雨声。尽管如此，身体和耳朵仍然沐浴在声音之中，像之前的那个时刻一样，那时只有"听"。

所以，正念的一个基本挑战是栖居于对听觉的觉知之中，只是时时刻刻听这里的声音，留意声音的产生、经过、声音内部和声音之下的静默，这超越了对瞬时体验的诠释（无论体验是愉悦的、不愉悦的还是中性的），超越了所有识别和评判，超越了所有的思维，仅仅将我自己交托给坐着、倾听、呼吸、了知……

在倾听中，有一瞬间的自由，我不再受限于任何"我"、被听到的、一个知者或已知的东西。什么都没有失却，只有这一刻的初心，空旷、了了分明、广阔。也许在很短的一瞬间里，我们已经抵达了我们的感官。我们能在这里栖居一段时间吗？我们会失去什么？会得到什么？恢复什么？什么时候声音和声音之间的空间会消失在我们的身边？风景何时会消失？我们是为了它们而来吗？我们能否与它们共存于此处？我们能否成为那份觉知，栖居于觉知中，在觉知中行动，与那些已经在此的一切保持全然临在？这样一刻的感觉是什么？

尝试不是答案，我们不是非要尝试才能听到。不过大脑是狡猾的。我们能知否？我们能知否？

即使在京都，
听到杜鹃的啼鸣，
我也想念京都。

——松尾芭蕉

※

这里是一个"人"。站在河边，呼唤猫头鹰，
呼唤冬天，然后呼唤春天。
让一切想要来这里的季节自己决定。
当声音消失后，等待。

一个气泡从地表缓慢升起，
开始覆盖天空、星辰，直至所有空间，

甚至覆盖迅速蔓延的思绪。

回来再听听那轻微的声响。

突然之间，你正做的梦与

所有人的梦相匹配，于是就成了世界。

如果有不同的声音传来，那么就不会有

世界或你、河流或鸣叫的猫头鹰。

你如何站在这里是很重要的，还有

你如何倾听接下来所要发生的，

你如何呼吸。

——威廉·斯塔福德，《作为一个人》

第五章

音之景

　　现在是 6 月下旬，早上 6 时 42 分。透过敞开的窗户，我沐浴在不知名的鸟儿的叫声中，颤声、吹哨声、滴答声、呼唤和回应、或短或长的声音，一些重复着的声音很快就被听出来，另一些则不那么容易辨认，所有经过调节、切分、以和谐或混乱的方式散播到空气中的声音，使世界都充满了歌声。世界在喧嚣中不断地前进，一刻接着一刻，永远崭新并充满生机，处处都是声音的聚宝盆。

　　在一条不算太远的主干道上，还有车流的嗡嗡声，越来越嘈杂，从城市的西北部朝向市中心流动，如同水流一般在"水压"下向相反的方向倾泻而出。偶尔会听见半加速的轰鸣声，在大多数情况下，轮胎声和持续的引擎声混在一起，宣告这充斥着工业及人类意图的世界正与鸟儿一起从沉睡中醒来。

美妙的音之景呈现在眼前：我身后那棵巨大的挪威枫树离房子很近，它的树叶时不时摆动着，有时在我面前的铁杉树枝上叹息，有时被一阵阵微风轻抚着，伴随着刚刚从铁杉树下那条未经铺砌的道路上经过的遛狗人的交谈声。现在，警笛声响起，清晰、简短、不重复，时不时地从山下农场的卡车上传来扔下重物的"砰"的声音。这种音之景总是存在的，随着时间流逝，它们总是相似却又有所不同。并且，在每时每刻都有鸟儿的歌声，偶尔也有啼鸣。

我不再去想任何关于声音来源的事情，而是把自己完全交给"听"——沐浴在声音中，这是一种感官享受，沉浸在纯净的声音、声音之间的空隙之中，沉浸在层层叠叠的声音之中。现在它们仅仅以自己的本来面目呈现着，不再被标识，不再以一种"紧张"的方式被聆听。我只是坐在这里，接收音之景中所呈现的一切，甚至不刻意邀请这些声音进入我的耳朵。因为不管怎样，这些声音总是会来的。很多时候音之景没有被我们真正听到和了知，是因为我们的大脑常常被其他事情占据，包括去思考声音的来源、对声音产生偏好（喜欢一些声音而讨厌另一些）以及持有观点，而不是单纯地在听。

将自己完全交给"听"，这纯粹又简单，在这些时刻里只有聆听。音之景就是一切，它不再"存在"于世界之中，它本身就是世界。或者更准确地说，世界已经不存在了。没有"我"在听，没有"在外面"的声音。没有鸟，没有卡车，没有飞机，没有警报器和梯子。只有声音和声音之间的空间。在这个永恒的当下中，只有听，即使它正在流入下一个永恒的当下。在听之中，在声音的产生、短暂或持续的徘徊以及消逝的过程中要"即时了知"（immediate knowing）这一切。这不是随着思考而来的了知，而是一种更深刻、更直觉性的了知，一种在语言和概念之前的了知，它在思维之下的更深处，是一种更根本的东西。在声音被大脑加工或评估（通过命名、爱憎、评判）之前，我们对声音的了知就是声音本来的样子。这样一种了知有点像是声音的镜子，没有意见或态度，只是简单地反映出眼前的事物，开放、空寂，因而能够容纳声音本身所呈现的一切。

在这一刻，沉浸的感受是如此完整，以至于不再有任何沉浸。声音无处不在，了知无处不在。没有身体之内还是之外，因为不再有任何边界。只有声音，只有听，只有在无限的音之景中的无声的了知，仅此而已……

这并不是说想法不会出现，想法确实会出现。更确切地说，它们的存在不再对听产生干扰。似乎这些想法本身已经成为声音，在它们的出现和消逝中，与其他一切事物一起被听到。这些想法不再分散人们的注意力或产生干扰，因为在被了知时，它们往往会消融而不是无限激增。这份了知就像天空、空气，它无处不在、无边无际。它就是觉知本身，纯粹又极其简单。它也是完全神秘的，因为它不是我创造的东西，而是一种与"活着"息息相关的特性，有时候会浮现出来，就像一只害羞的小动物在森林空地的原木上晒太阳。如果我保持安静并且不让心突然游移，那么这份了知就会持续存在。

　　我面前的时钟显示现在是 8 时 33 分。在这几个小时里，无数的时刻过去了，然而时间却没有流逝。因为沐浴在无始无终的音之景中，在"听"的奇迹中，在觉醒和了知的奇迹中，我感觉自己得到了恩宠和祝福。我想知道，是否有那么一刻，"仅仅如此"对于我来说是不可得的。怎样才能听到那些已经在此的声音，听到那些在更深处的更大静默中被衬托、被凸显的声音？

　　后来我确实留意到，如果我不小心（即没有扎根于觉知之中），那么可能在几个小时里，我只能听到自己脑海中思维之流的喧嚣声，其他什么声音都听不到。

※

　　在落风（Windfall）岛满是岩石的沙滩上，我和一群

环保人士一起冥想。这里位于阿拉斯加州东南部的汤加斯
（Tongass）荒野的特本考夫（Tebenkof）湾口，就在查塔
姆海峡附近，正对着巴拉诺夫岛白雪皑皑的山峰。此时我
们都无法忽视那些座头鲸为音之景做出的巨大贡献。我们
听到它们的呼气声，悠长而深沉，如此简单，如此古老，
我们沉浸在同一个已经存在了数万年的地方。如果我们足
够灵敏，就能听到它们潜入水下之前的吸气声。即使我们
在距离很远的地方，也可以看到它们在呼气，因为能够看
到它们将白色的水汽喷涌到空中。它们似乎以某种方式知
道我们这样坐在沙滩上，并且知道我们大多数时间都在闭
着眼睛。有一段时间，我们沉浸在这样一个可能与五千年
前或一万五千年前几乎没有什么不同的世界里，随着声音
退去，沉浸在一种巨大而原始的寂静之中。秃鹰鸣叫，乌
鸦啼鸣，水面上和空中的小鸟都发出各种叫声，海浪拍在
岸上。锡特卡云杉和西部铁杉温带雨林经历过严冬的摧
残，却从未见过锋利的锯。我们坐在这里，向这个世界、
这音之景以及它古老的记忆敞开。或者，是它们在向我
们敞开。

※

　　我们的狗知道，音之景还包括那些没有被听到的声

音。如果狗听到纱门开了又关，但没有听到"砰"的关门声，它就知道自己可以逃出房子。它就是知道。这仅仅是一个例子，如果我们能完全注意到声音和寂静之间的变化，那么音之景中那些没有被听到的就是重要的信息。音乐或许会触动我们的听觉神经，就像泰姬·玛哈尔（Taj Mahal）曾吟唱的，但音之景并不只是声音，它是整个声音和无声的宇宙。当我们把自己完全交给"听"的时候，它就会与我们分享。别无其他，仅仅是与"听"在一起。

我坐在这里，听到外面似乎有垃圾车的声音，但今天不是收垃圾日，我想"也许这是扫街车"，我试着以某种方式来辨别它。声音并没有消失，或许是人们钻孔的声音，听上去就像是卡车一直在上坡，没有变得更近或更远。或许人们正在街上干着什么活儿。我可以坐在这里，无休止地想着这种声音：它从哪儿来的？我多么希望它不在这里，为什么它一大早就出现了？或许我可以起来调查，看看声音是从哪儿来的，是什么在制造噪声。

可为了什么呢？现在，我坐在这里，可以选择是否被打扰。但这个选择似乎困难又遥不可及，这是一种意志力的锻炼，一种抵制那已经存在的声音的方式。我观察着自己被扰动与不被扰动的感觉在来回振荡。

在我这场大脑游戏的背后是纯粹的声音。听到声音和不知道它是什么声音都是一种了知。在这一刻，我能否简单地休憩于这份了知之中，了知这份"不知道"和"不必知道"，并因为此刻的声音而感到满足？现在的情况已经如此。我能接受它们吗？实际上，任何其他反应都会导致不悦、沮丧、被干扰以及更严重的分心。

我心里隐藏着一个念头：如果我知道那是什么声音、是谁发出的、会持续多久，那么我就能更好地接受它。

在想法出现的时候，我们通过觉知知道它仅仅是一个想法而已。通过觉知，我们看到思考的大脑在不停地摸索、试图抓取什么，在绝望地寻求解释，看到大脑为了被肯定以及建立一个收留接纳的坐标系，把声音变成了"噪声"。这是一种神奇的"炼金术"，不过是没有必要的。通过觉知，我们可以看到这些想法、烦恼和挣扎，并且知道它们是不必要的。它们是我们获得平静的阻碍，讽刺的是，这些阻碍远大于声音本身。在"听"本身以及声音深处的"了知"之中都有一份平静，我放下一切，进入这份平静之中。声音停止了一刻，然后继续。对我而言，暂时没有阻碍。

突然之间，大脑感到一阵不适，它坚持要找出声音的源头。不知怎么的，我的觉知和更大的意图都蒸发不见了，想要找出源头的冲动驱使我把身体探向窗外。

一辆大卡车驶过，发出噪声，但这并不是我在找的那个声音。"起身寻找"这本身对我而言有何益处呢？没有任何益处。

　　我回来重新坐下，继续听。那个声音持续越久，我去寻找它的欲望就越大。我就这样坐着，消融在声音里面。片刻之后，那个声音渐行渐远，鸟叫声再次传来。即使现在安静多了，我还是可以看到想法在（随着其他事物）不停地涌现。我的脸上绽放了一个微笑，同时，我坐在这里，持续吸气、呼气。这个空间不再被关于声音或"寂静"的想法污染。觉知在此，现在已经没有任何干扰（包括大脑的干扰）了。当下，仅此而已，如是而已。

　　声音回来了。微笑在扩散、徘徊、消失。

第六章

气之景

　　想象你现在在水下，但仍能呼吸。现在，试着移动身体。

　　首先试着移动一只手。你能感觉到"水"是如何在手臂、手指间、手背及其周围流动的吗？这样做时，我感觉到运动本身的流动性，似乎我的手臂和手突然获得了新生。它们似乎被吸引着向前，自发地进行着自由度更大、动作幅度更大的实验，它们在任何地方都可以"流动"和移动。通过想象去感觉手和手臂在一个流体之中，仅仅这样，似乎就可以这让现在这些缓慢、优雅的动作变得更加流畅。

　　如果你正在这么做，那么能感到你的动作已经变得多么优美、多么轻松自如了吗？继续移动，并在这种感觉中停留。如果你愿意，也可以让身体其他部分参与进来。让自己成为一缕海带，在海洋与陆地交汇的海床中起舞。如果你坐着，可以试着站起来，让你的手臂、腿、躯干、头部甚至整个身体都按照自己喜欢的方式移动，感觉身体周围"水"的流动。

事实上，我们确实生活在海洋——空气海洋的底部。抛开水的影像，你可以试试看，像之前那样缓慢地移动手臂，你能否通过皮肤感觉到空气的海洋，感觉到气流在你手的周围，无论你有什么感觉，能否沐浴在其中。随着你越来越适应你的身体，把越来越多的觉知带到你身体的整体上，允许它以自己的方式移动，或许你会留意到身体运动的感觉是多么奇妙，能够即刻进入太极的本质：一种在沉静之中、在觉知的海洋中、在空气海洋中流动的运动。

现在允许自己安静下来，并用整个身体感受空气。不必寻找某种特殊的感觉，允许感受自己浮现，好像你在用自己的皮肤来倾听，让空气来诉说。你不必尝试刻意去感觉什么。毕竟，空气已经在接触你了，已经存在于你的周围、你的体内。

轻松地感受你是如何融入空气的。即使房间里的空气似乎凝固了，甚至全然静止了，也可以去感受空气的海洋在如何抚摸你的皮肤，如何包裹你、拥抱你。感受你是如何谜一般地一遍遍地把空气吸入你的鼻子或嘴巴，无须尝试，无须强迫，也无须调用意志力。感受它是如何被你的肺部接收，并沉思一下，氧分子（不可思议地小）如何通过肺部的肺泡扩散到血液中那些血红蛋白分子上（相对氧分子来说更大，但依然小得难以想象），然后神奇地结合。左心房每收缩一次，这些血红蛋白分子就会将空气精华运送到那些组成你身体这个极其复杂的"宇宙"的数以万计的细胞中去。没有这些营养，那些细胞会很快死去。这样的沉思可能会让你暂停片刻，允许你"追上"自己的呼吸，并有意识地把自己置身于"气之景"之中。

现在，我与空气有一场断断续续的爱恋。当我记起的时候，爱开始了。当我忘却时，它又消失了，直到空气再次进入我的脑海、再次来到我的身体。

爱上空气并不难。夏日，清晨的微风轻拂我袒露的肩膀，我静静坐着，闭着眼睛或睁开眼睛呼吸，通过皮肤感觉身体周围的空气。瞧，皮肤活过来了。沐浴在房间里轻轻流动的空气中，陶醉于潮湿、新鲜的空气中，我突然变得更清醒了。有时沉闷夜晚的阴冷空气会用自己的语言与我的皮肤和鼻子对话，这种感觉就像迎面吹来的海风带来的兴奋，冬日融雪带来的芬芳，以及一月凛冽的寒风带来的轻微刺痛感。

不过，也不总是如此。在我生命的大多数时间里，空气就只是空气，并没有被我真的注意到，更少被我欣赏。渐渐地，我意识到这确实只是空气，但它真的是一份礼物。空气是一份能够调动感官的礼物，邀请我们去感受、体验那种一直被拥抱和滋养的感觉，感受我们在任何时候都被爱丽儿精灵[⊖]触碰着。我们在呼吸，也被呼吸着。像夏加尔画中的人物一样，我们生活在空气中，并且，我们因此而活着。

带着感情、亲密感、稳定感与空气相联结，同时，随着我越来越正念，很容易留意到气之景一直在不断变化。它在某一刻是动的，在下一刻则是静的。当我以这种方式感觉它，它会召唤我、唤醒我，让我保持清醒。现在它是暖的，当我再次感觉时，它又是冷的。在不同的时间、不同的季节里，我发现了它不同的样子。母校的空气"甜美"、凉爽，并且充满回忆，冬天的空气有股寒意以及更多的回忆。还有，偶尔暖和的一天，冰雪融化，这赋予空气一种独特的味道和感觉。

空气，空气，空气。一旦留意到它、爱上它，你就很容易理解它为何被古代文明作为一个原始元素来推崇。空气！空气！当我看着伫立的铁杉时，发现空气在摇晃铁杉，在打太极。我感受到摇晃铁杉的空气现在也在穿过我

⊖　爱丽儿精灵是莎士比亚戏剧作品《暴风雨》中的人物，象征超验知识力量本身。——译者注

的背部、肩膀和脖子。这样，其实我们所有人都被联结到一起了，被同一股空气波浪触碰，每个人都按自己的方式移动着，并且奇妙地加入了一种更大的"交换"之中，整个星球的所有生命（包括植物和动物等）每个时刻都参与其中。在巨大的生命王国之中，所有生命都在以宇宙一般的规模进行给予与接受。空气的循环和"复苏"也使我们人类自己得以进行某种循环和"复苏"。

这种动态的交换，是奇迹中的奇迹，它维持着微薄而脆弱的无形大气层。这无形的大气层毯子，把我们的家（地球）包裹在人类无法想象的广阔空间之中，我们称之为"太空"——一个几乎"空""无"的真空。

对于我们生物体而言，空气就是一切。因为如果没有看不见的空气，我们很快就会成为虚无。

它们只是空气，你能触碰、感受到它们的痛苦吗？

——莎士比亚，《暴风雨》

第七章

触之景

　　虽然我们在持续接触空气，但我们所接触的不仅仅是空气。我们的身体在接触空气所坐的每把椅子，它所踩的每块地板，它所躺着的每个平面，它所触碰的每一件衣服，我们的双手所使用的每一个工具，我们试图抓住、提起、接受或交出的每一样东西。也许最重要的是我们接触外界的方式，这一方式可能有无数种，有时是自动化的，有时是敷衍的，有时充满着感官体验，有时浪漫，有时充满爱，有时带着攻击性，有时是毫无感觉的，有时是愤怒的。这取决于我们是如何被接触的，被接触时我们可能感觉到被爱、被接纳、被重视，或被忽略、不被尊重、被攻击。我们彼此接触，通过握手、一只手放在另一个人的肩上、手臂环绕着他人、轻拍、拥抱、亲吻、爱抚、跳舞、按摩等方式接触。有时候，在游戏中，人与人之间的接触通常受到与社会规范不同的另一套法则的约束，接触方式可能有碰撞、阻挡、扭打甚至踢打。也有些时候（并非在游戏中），我们可能会被人采用不友好甚至带有威胁或更糟糕的方式接触。当然，社会渐渐有了更多法规来规范这些接触，以保护我们作为个体的基本安全和人身主权。

无论以什么方式来接触，无论究竟接触什么（不管是无生命还是有生命的，植物、动物还是人类，不管是陌生人、客户、同事、朋友、孩子、父母还是爱人），我们都可以正念或非正念地接触。并且，在任何时刻，我们都有机会通过觉知直接知道自身是如何被接触的，以及在接触与被接触中我们整体上的感觉。这是"触之景"，无论它是表面的还是深层的，都是我们与世界之间直接身体接触的感官体验，遍布我们身体的每一方寸。

此刻我盘腿坐在地板上，趴在书桌前写作。我觉察到臀部与冥想坐垫（蒲团）之间接触着，小腿外侧（从膝盖一直延伸到脚踝）触碰着塞满了棉絮的垫子，双脚也在与坐垫接触着。我与大地之间的接触仅此而已，它们支持着我，即使重力不断地将身体的每一部分拉向地板，姿势本身的静止也使身体完全保持着平衡。

此刻最明显的感觉是臀部下方的沉重感，这种感觉一直延伸到大腿上部，这些部位承受着整个上身的压力，向下压着已经塞得满满的坐垫。骨盆向前倾斜，这使得腰椎前凸，向腹部弯曲，因此臀大肌下方的骨骼承受了最大的压力。左膝盖比右膝盖有更多的紧绷感、刺痛感和搏动感，因为左腿、左脚和脚跟都相对更接近会阴，而右腿位于左腿上方。腿部的收缩使膝关节此刻有些胀。此外，小腿外侧和双脚脚面也有与柔软坐垫之间的接触感。我留意到一些感觉来自直接的身体接触，而另一些感觉（例如膝盖的感觉）并非如此：它们关乎身体对自己的觉知、身体各个部位之间的关系，以及这些部位与它们所占据的空间的关系。这是"本体感觉"（proprioception）的一部分，它的词源是拉丁语"proprius"，意思是"自己的"。

在这个离地板很近的桌子上打字时，我的手掌根与笔记本电脑键盘下方的面板接触，手指指尖压着键盘。除此之外，身体的其他部分仅与其周围的空气接触着。手掌根能感觉到温暖（笔记本电脑正在散发热量）、它们所接触的电脑表面的光滑与坚硬以及它们自身固有的重量。手掌根支撑着手臂的重量，有一种锚定感和沉重感。手指在键盘的惯常位置上弯曲着，轻巧、富有活力，还有跳动感。

　　当然，触觉与其他感官并不是分离的。坐在这里，我感受到皮肤沐浴在空气之中，觉察到自己此刻也沐浴在音之景之中。我被音之景"触碰"着，其方式有别于直接的身体接触。音之景似乎更加无形，更空洞（disembodied），直到我意识到自己不仅仅是在通过耳朵接收声音，而是整个身体都在这么做。仔细听时，甚至我的骨骼都可以感受到这些声音的物理振动。

　　同时，我也留意到不断在我眼前呈现的一切，即视之景。此刻，我看着面前的电脑上出现这些文字。在 30 年前的电子打字机时代，人们认为这种体验（在电脑屏幕上打出字的体验）只存在于科幻小说中。清晨的阳光透过右边的窗户照进来，照亮了座椅的背面、桌子的一部分及在打印机旁边的一个红色活页本。外面巨大的挪威枫树叶子的影子（可以看作太阳的书法）神奇地映在打印机上方架子的支柱上。几分钟后，我再次留意，发现景象完全变了。桌子上的光消失了，此刻叶子和茎的影子变得更加清晰、明显了。

　　阿什莉·蒙塔格（Ashley Montague）在其经典著作《触摸：皮肤对于人类的意义》（*Touch: The Human Significance of the Skin*）中指出，"touch"（触摸）一词是《牛津英语词典》中收录的最长的词条。这意味着它比"爱"的词条还要长。如果我们停下来思考一下，也许就不会那么惊讶了。因为如果没有触摸，那么爱还会存在于哪里？触摸是生命的基本需要。高中生物课上，在显微镜下观察、戳探细胞和小型动物时，它们的反应在临床上被冷冰冰地称为"应激性"反应。我们扎根于世界，通过各种感觉来认识世界，而最基本和广泛的是触觉。我们全身的皮肤都是"触觉器官"，皮肤如同一层膜一般将我们的身体与外部世界区分开来，从某种意义上来说，皮肤也定义了我们的身体。在出生之前，所有人都在另一个人——母亲的身体中成长着、存在着，被隔离在胎膜中，和母亲彼此之间隔离却又不分开，彼此相容、接触。我们知道所有这一切，但常常忘记这个奇迹，或者不太重视它。我们都以其中一方的身份参与了这个奇迹，而母亲们则是以两方的身份来参与。

在出生之前及之后，我们都会被"触摸"滋养：有养分的触摸、充满爱的触摸、爱的包裹、抱持。当婴儿被照料者抱着哺乳时，他们通常会通过嘴巴来触摸和吮吸一个乳头，并且用小而完美的手指去感觉并抓住另一个乳房。于是，爱和滋养的回路形成了，这远远超越了乳汁本身的营养。当被抱着时，婴儿与照料者的身体也持续地接触着。当婴儿和父母一同入眠时，这份身体接触在睡眠中持续，他们都被温暖和爱包围着。

从神经生物学的角度来看，触觉实际上综合了不同的感觉。其一是感受接触时的物理压力。其二是感受接触时的温度。过于强力的接触会给我们带来痛苦，而充满爱的抚摸会给我们带来愉悦。

触觉也与我们对身体内部的感知力有关。例如，不必移动或刻意去看，我们就知道自己的双手在哪里，知道身体的姿势是什么。正如前文提到的，这种感知力被称为本体感觉，它帮助我们了解身体在空间上的位置，感受身体的移动与"意图"。本体感觉是如此基本，以至于我们几乎从不有意地重视它，完全将其视为理所当然。我在《正念疗愈的力量》一书的第一部分中提到，由于触觉神经损伤所导致的本体感觉丧失是绝对的灾难。在这种情况下，人们无法知道并感觉到自己正安住于身体及一个更大的世界中。手和腿不再是自己的，似乎变成了外物，没有价值和用处，不能像之前那样移动。此时人们与自己的手、腿以及整个身体的联结都被切断，完全失去了触觉。令人欣慰的是，这种情况较为罕见。

不幸的是，我们常常对本体感觉毫无觉察，而且并不了解自己的身体。幸运的是，即使这样，我们也可以立即找回那份活着的体验，因为它从来都不遥远，总是触手可及。我们毫无觉察，只是因为忽略了已经存在的那些感觉。如果我们不再忽略，就会重新唤醒感官，发现它们其实一直在为我们传递信息。这是感官的本质，我们只需要唤醒它们。

*

在久旱逢甘露之后，
雨水清冷、隐秘而干净，
在树下，湿气与重力结合，
雨水从层层树枝流到片片树叶上，
最终落到地上。

然后，雨水不见了
——它当然没有真正消失，
只是从我们的视野中消失了而已。
橡树的根会享用它，还有草地、苔藓，
圆若珍珠的雨滴，会进入鼴鼠的洞穴；
不久后，许许多多的小石子，
虽然已被泥土埋藏了千年，
会感受到自己被触碰。

——玛丽·奥利弗，《在幸福中徘徊》

第八章

与你的皮肤保持联系

皮肤是我们最庞大的感官。有人计算过，如果将一个成年人的皮肤平摊开来，其表面积约为 1.86 平方米，重约 4.08 千克。虽然我们也在通过其他器官（在某些方面更专业、更敏感的器官）被世界"触碰"着，但我们常常会给皮肤贴上"触觉器官"的标签。

提到"触碰"一词，在各种感官中我们最先想到的就是皮肤，因为皮肤与这个词是最相关的。某些时候，"感觉"一词也与皮肤相关。这是因为，我们需要通过皮肤来进行、实现所谓的"身体接触"。我们与世界之间的接触具有同时性和互动性，皮肤的接触最能反映出这两种特性。在触碰其他事物时，我们也在同一时刻被它们触碰。

当我们光着脚走路时，每走一步我们的脚都在亲吻大地，大地也马上吻回来，这些我们是感受得到的。当然，如果我们"失联"，那么即使这份联结不可否认，我们也不会感受到。正如我们所知，最好的"失联"方法是分心或者让大脑被占据，我们因此会陷入反刍、思维之流以及情绪之中，这是经常发生的。在这个数字时代，我们长期面临着分心和被干扰的风险。与以往相比，现在我们更需要记得什么是最重要的。因此，正念的重要性日益增强。

我们还知道，皮肤与我们的情绪息息相关。我们在尴尬时面色通红，自信时面色红润，恐惧时面色惨白，悲伤时面色苍白，嫉妒时面色铁青。

所以，皮肤是一个很棒的冥想对象。我们可以把注意力放在皮肤上，有意识地感受身体周围的空气。在微风拂过时，感觉空气接触皮肤或是皮肤接触空气，这可能更容易一些。不过，通过正念的培育，我们可以在任何时候都感受到身体周围的空气，哪怕空气凝固不动，我们只需要把觉知带到身体表面就可以感受得到。实际上，皮肤并没有在呼吸。尽管如此，把注意力放在我们的皮肤上，去感觉或想象它在"呼吸"（在我们的身体与生物圈之间）仍然是一种有用的方法。我们的觉知可以"包裹"皮肤，就像手套"包裹"我们的手一样。觉知可以像海绵里的水一样渗入皮肤。对皮肤的感觉保持正念觉察，这种感觉就像我们的心正栖居于皮肤上那样。除了睡觉之外，其他时候心与皮肤不再分离。甚至从某种意义上来说，皮肤属于心的一个层面。

这听起来似乎有些牵强，但实际上的确如此。正如我们将要看到的，大脑中有许多不同的人体地图，其中一组被称为"体感小人"（见《正念疗愈的力量》）。躯体感觉（somatosensory）区域对应皮肤的表面特征，在"感觉小矮人"地图中，手、脚、嘴唇和舌头的区域比身体其他部位的要大得多。这是因为感觉神经末梢在这些区域的分布高度集中，精密的传感元件嵌入了所有皮肤和皮下组织的薄膜中。所以，当你把注意力有意识地放在手、脚或嘴唇上时，你会通过这些部位的皮肤感受到生动、丰富的感觉。

皮肤本身就是一个感官世界。即使没有触碰任何东西，它也从不缺乏感觉，因为它作为媒介一直在与外界接触着。它始终都有自己的感觉基调，始终与我们、外界保持着联系。问题是，我们在保持联系吗？我们可以与自己的皮肤保持联系吗？

你的手、脚和嘴唇可能有更强烈的感觉，因为这些部位对应的运动神经元十分衰弱，特别是手部的。感觉和运动的功能是相互影响的。从内部感觉自己的手，然后向外直达皮肤，你可以感受到手在形式、功能上的美，你的手远远超越米开朗基罗用大理石雕刻的任何一只手。我们之所以崇尚那种"把石头变成生命"的艺术与美感，一部分原因在于它让我们重新与自己的内在之美相联结，从某种层面来说，这种美在我们身上是显而易见的，它超越了时空以及发生在我们身上的一切。这种内在之美触碰着我们，提醒我们自己的手是奇迹之手。不过，我们不太了解双手，常常视其为理所当然，总是机械化地使用它们。我们竟然如此"麻木无情"，这真讽刺。在敏锐地感知大理石中的生命时，我们自己也被唤醒了（不论是从字面上还是从象征层面来看）。这是感觉的"相互性"所带来的益处，这种"相互性"存在于我们内在和外在世界的交界处，存在于我们奇迹之手（包括手指、手掌等）那柔软而结实的皮肤表面。

*

你比任何人都美，

但你的身体曾有一个缺陷：

你的小手并不漂亮，

我怕你会跑到

那神秘的、满溢的湖水边玩水，

让湖水没过手腕。

那些遵循神圣律法者在那里

嬉水且安然无恙。

我亲吻过的手，

保持不变吧，

看在老交情的份上。

——叶芝，《破碎的梦》

第九章

气味之景

　　8 月中旬，我坐在科德角（Cape Cod）一座房子的阳台上。我从小就熟悉的咸咸的空气进入鼻子，暗示大海就在附近。空气中有一股我十分熟悉的香味，不过它的复杂和精妙难以用语言形容。每当我回到这个地方，我就知道自己离那股混合了陆地和海洋的味道的气味越来越近。今早，轻柔飘动的空气有些潮湿。我把注意力集中在空气上，感觉它在抚摸我的皮肤。我也在闻它的气味，感觉空气中有淡淡的海藻的气味、潮湿沙子的香气、鳗鱼草的香气、沙滩及潮水坑[⊖]附近围绕着我们的所有动植物的香

　　⊖　潮水坑（tidal pool），指在海岸的潮间带，退潮时海水流入低凹处形成的水坑，大小不一。——译者注

气。空气中还有附近黄樟树林和湿地所散发的潮湿泥土的气味、（花园中偶有的）绣球花的气味、未经修剪的草坪被逐渐增强的正午阳光烘烤而散发的气味、最近被放到雪松树下的黑色护根物的气味以及如黄油一般散布在（邻居正在建造的）新房子上的湿灰泥的淡淡气味。

　　但看看我都做了什么。我无法描述这些气味本身，也无法描述这份"气味之景"的感觉，只能用类比或者命名的方式来表达，希望能唤醒你内在的东西，使你回想起自己在某些地方和时刻的类似体验。我并不能为你或自己把这份"气味之景"的精华装进瓶子里，它是复杂的、无限丰富的、独特的，每时每刻都在变化，同时又几乎保持不变，它不能被装起来、保存或转让。我可以说出它可能的源头，但很难说出实际的体验。你得亲自闻一下才能了解它，不过，即使在你闻过之后，我们也很难谈论它。如果我们只是在这份体验中保持静默，那么体验就会更加丰富、更容易被意识到。我们在拥有某种体验时，通常倾向于进入大脑层面，然后或多或少进入无意识的对话或叙述之中，从而忽略了那份静默的感受、了知、分享所带来的不可言说的丰富性。

　　通过最为敏锐的感官，气味为我们提供了一个世界。鼻子可以检测到极少量的芳香化合物，哪怕在某些情况下它们的含量只有万亿分之几。气味如同味道一样，在本质上都是人们通过分子来获得的感受。当然，"闻"和"尝"在解剖学意义上和功能上是密不可分的。当我们的鼻子被堵塞时，嘴巴也很难尝到味道。

有时候我们仅仅通过记忆就可以产生嗅觉，除此之外，空气中的分子是我们所有嗅觉体验的来源。如果我们以正确的方式刺激嗅觉脑，就会重新创造出如原始体验一般鲜活的普鲁斯特体验⊖。尽管与大多数动物相比，我们的嗅觉能力微不足道，但事实是，没有什么比气味更令人难忘。在闻到特别令人愉悦或者不愉悦的气味时，我们对那种气味的喜欢或者厌恶在本质上可能是即刻的、反射性的、出自本能的。"接近与逃避"的生物性本能总是潜伏在气味世界最基础的地方，这种本能是一种自动反射，它是经过漫长进化形成的，有人说它很原始，但其实只有一点点原始。的确，被称为"信息素"的化合物将我们联系起来，帮助我们找到彼此，并且正如其他物种一样，它编排了我们的社交之舞，影响了我们所做的某些决策，比如与谁一起组成新的基因组合来传给后代子孙的决策。怪不得香水公司实验室在努力寻找并制造可以销售给大众的化

⊖　普鲁斯特体验（Proustian experience），指人们会因为曾经闻过的某种气味而瞬间想起许多往事。马塞尔·普鲁斯特是 20 世纪法国最伟大的小说家之一，他曾在小说中描述过类似事件。因此，这种体验一般被称为"普鲁斯特体验"。——译者注

学引诱剂，现在这正是这些实验室的必杀技。

大多数气味既不会让人太愉悦，也不会太难闻，因此我们很容易完全忽略它们。即使是强烈的气味，我们的鼻子也会很快适应以至于闻不到它们。只要我们在气味里沉浸一会儿，就很容易闻不到任何气味，甚至对于有毒的气体也是如此。鼻子是一个不错的工具，但如果对它的刺激太多，它很快就会疲劳。在吃饭的时候，我们甚至很难闻到正在吃的食物的气味。

空气是声源和探测器之间的媒介，与声音相比，空气给予我们耳朵的要多得多。香味、臭味等各种气味也都在通过空气传播。狗比我们更了解这些气味，并且常常能够比我们更早地留意到这些气味。与我们人类感受到的"气味之景"相比，狗感受到的要丰富得多。狗的世界主要是由气味定义的，气味为它们提供了大量信息（比如关于人类、地方和其他狗的信息），狗从中可以做出很多推断。狗鼻子的嗅觉上皮（嗅觉发生的地方）的表面积比我们的大很多，有的甚至是我们的 17 倍，每平方厘米的嗅觉受体浓度是我们的 100 倍以上。老鼠和鼩鼱的嗅觉皮层占比很大（相对于它们的整个皮层来说），而人类的嗅觉皮层的占比是相对较小的。我们人类拥有较大面积的不被感觉和运动机能控制的大脑皮层，它使我们拥有十分复杂的认知和创造能力，而鼩鼱和狗都没有此大脑皮层。

　　有时我认为和我的狗散步的主要目的是给她时间，让她通过鼻子来探索更广阔的世界。她经过的每个地方都似乎是一块公告板，上面有些信息和符号，宣布着有哪些人来过这里以及这里发生过什么，上面也有小区中其他犬科动物和非犬科动物的痕迹。由于我的感官没有那么灵敏，所以我不太知道我的狗为什么会去到某些特定的地方。比如在夏天，她会在高高的草地上打滚，腹部朝向天空，头歪向一侧。或者，在冬天，她会对下雪的气味做出反应，银色的西伯利亚雪橇犬基因使她对这种气味产生共鸣。下完雪之后，她会将鼻子向下伸到雪里拱，此时雪正好与她的眼睛齐平，她在进入一个对我而言陌生的世界。我没有足够的时间去闻，只是想象她的大脑和她的存在，我都遗忘了她哈士奇的本质，不知怎么地以某种方式让她（作为一条狗）找回了完全的自我。她需要在鼻子带她去的任何地方自由地漫游，不过在一个由人类主宰的世界里这也有些问题。无论如何，在许多方面她都是我的冥想老师。真的，她带我走的路比我带她走的路要多。记住这一点，我就会离"人类之外的世界"更近一点，这也帮助我暂时从"时间"和大脑中抽离出来。

　　人、国家、城市、村庄、建筑物，以及陆地、海洋都有其独特的香气。我在新德里吸入的第一口空气的气味叫人永生难忘。大多数地方和季节也有其独特的香气，除非我们强制性地遮盖、消除它们。气味可以告诉我们很多，唤起许多感觉，超越了单纯的记忆或怀旧。气味可以让我们陷入悲伤或狂喜之中，也可以唤醒我们，邀请我们完全置身于当下，沉浸在当下的芬芳之中。

　　一天，风很大，
　　茉莉花的气味在召唤我的灵魂。

　　"作为对我茉莉花气味的回报，
　　我想要你玫瑰的所有气味……"

——安东尼奥·马查多

　　马查多迫切地想要让风中的气味和自己内在的芬芳进行交互，或许这不足为奇。不过，它们曾经分开过吗？

第十章

味道之景

关于味道，我想先吃一颗杏仁，然后尝试描述一下这种体验。我从上周制作的烘焙麦片中拿出一颗杏仁，它已经和其他许多东西一起被烤过，比如橄榄油、枫糖浆、芝麻、葵花子、很多燕麦、一些肉桂和少许盐。把杏仁放进嘴巴里时，我对它的大小感到震惊，它其实挺大的。我感觉到杏仁的表皮变软，然后，它就在我的嘴巴里被分成了两块。我感觉到杏仁有一面是光滑的，另一面是皱巴巴的。我开始咀嚼，感觉它们非常脆，然后继续慢慢咀嚼，那种松脆很快就变成像玉米面那样的浓稠。味道在整个嘴巴里弥漫，变得越来越浓郁，到达顶峰，然后消失，其发生的速度比我想象的要快得多，这真是让人惊异。因此，在完全咽下第一颗杏仁后，我将另一颗杏仁放进嘴巴里，来再一次关注"味道之景"。

慢慢地、正念地咀嚼，咀嚼，品味，品味。嗯，嘴巴中发生的一切都属于"味道之景"，此刻这景致如何呢？

这颗杏仁的味道甜美，是最微妙的那种甜美。哪怕蒙住我的双眼，只要把它放在嘴里，我通过味道就能够马上知道它是杏仁，但是，仅仅通过品尝我是否就能知道其中也包含了杏仁以外的其他味道呢？我不确定。我无法说自己真的能尝出肉桂的味道，而肉桂的存在可能只是部分解释了为什么杏仁尝起来是目前这种味道。枫糖浆、橄榄油和其他成分也是如此。说到底，味道本身并不易描述——若不用"肉桂"两个字，怎样描述肉桂的味道呢？如果品尝一颗没有被这样处理过（没有作为麦片的一部分被精心烘焙过）的杏仁，也许我会知道那味道是不同的。

昨晚，在一家本地餐厅，我点了香菜绿咖喱比目鱼配米饭。这种搭配的口感和味道令人惊奇，每一口都让人感觉微妙至极。大厨真切地知道如何通过食物来把这份体验给予另一个人，他将每一块鱼肉都煮到入口即化的程度。鱼肉配上一些米饭和一小勺酱汁，其味道会使人们突然静默无言，毫不夸张地说，在这份极致的愉悦中大脑会本能地、正念地关注嘴巴中所发生的一切。然后，我发出了喜悦和满足的赞叹。当然，因为我的妻子麦拉点了不同的菜，所以我不能发出太多赞叹。每一口都余味悠长，味道的完美搭配使我十分愉悦，这味道微微发甜，还有淡淡的椰奶香气和浓郁的胡椒味（但不算太浓）。最终，我仍然不可能准确地描述它。我想这就是我们要"吃"美味食物的原因，因为如果我们只阅读关于美食的文字，即使作者很有天赋，文字也永远无法使人们缓解饥饿、品尝到真正的味道。我们必须亲自品尝才能真正了解味道是什么样的。在这里，品尝就是了解。

带着这种关怀和注意力来品尝，我们会发现哪怕最简单的食物也能提供丰富的感官体验。如果我们能够觉醒，就会发现任何一口食物（比如苹果、香蕉、面包、奶酪）里面都包含着神奇味道的整个宇宙。也许这就是为什么在我们旅行或露营时（这不是我们平常体验世界的方式），即使最简单的食物（包括豌豆罐头或沙丁鱼罐头）都尝起来比平时的味道更好。

这也是为什么在正念减压课程中，吃葡萄干通常是第一个冥想练习。吃东西可以消除我们之前对于冥想的种种观念。这个练习立即将冥想融入了我们日常生活的每一天，融入了这个世界（你已经了知但是现在会以不同方式来了知的世界）。这个练习（非常缓慢地吃葡萄干）邀请你以一种毫不费力、自然而然、完全超越了语言和思维的方式来"坠入"了知。这份邀请不同寻常，因为我们平时倾向于无意识地自动进食。做这个练习，我们只是在吃、咀嚼、品尝，当下会立刻觉醒。一旦我们将注意力转移，把它从此刻的体验、了知、品尝本身及嘴巴中的"味道之景"上挪开，剩下的就只有语言和语言引发的思维。

再回到香菜绿咖喱比目鱼，我想厨师对于他的这一创作可能有些有趣和有启发性的东西要说。我一口一口地品尝这道菜，突然感觉自己仿佛在品酒会上，正在品尝一款窖藏约两百年、售价数百美元的波尔多酒。我可以享用它，但我并不是鉴酒师，如果仅仅听别人的介绍，那么我无法真正理解它的优点，无法真正欣赏它。

如果一个人只是因为相关经验丰富而熟悉特定领域，那会怎样？通过正念地品尝食物，我们正在成为鉴赏家，不仅仅是我们所吃食物的鉴赏家，更是"吃食物之人"的鉴赏家。这些都是觉知范围的一部分。

让我们花点时间来思考一下"进食"这件事情。继呼吸之后，进食是生命有机体的另一项基本需求。在某些情况下我们是难以活下去的，比如不进食，或者没有那种满足我们日常需求来维持生命的本能，尤其是饥饿、口渴以及对口味的分辨——这种分辨能让我们在野外因为饥饿或干渴而陷入绝望时减少中毒的可能性。

在采集狩猎的社会中，几乎每个健全的人都要把所有精力用在获取食物上。在农业社会中，大部分的食物通过人们饲养得来，而不是通过狩猎或采集得来，但社会上的大量劳动力仍然需要投身于粮食生产。随着时间的流逝，至少在环境有利于农业生产的地区，农业的发展和动物的饲养为人类提供了多余的食物，这使社会群体的内部变得日趋复杂，城市开始出现。尽管社会中每个人都必须吃饭以维持生命，但并非每个人都将精力投入食物的生产或分配上。这种趋势显然还在继续，在工业社会和后工业社会中更是如此。因此，在过去的一万年中，我们与食物之间的关系发生了巨大的变化，比如食物变得易于采集、储存和分配，食物的多样性、质量、营养价值和普遍性也发生了巨大变化。很多时候我们不需通过亲自种植或者捕获猎物来获取食物，即使在食物匮乏时，我们也完全不需亲自寻找食物，所以，我们常常认为食物和"进食"是理所当然的。

　　然而，如史前社会一样，进食依然是每个人生存的基础，而我们却常常意识不到这一点，不懂得感恩，这是很奇怪的。在我们的意识中，饮食与生存、维持生命之间的关系越来越远。在大多数情况下，我们吃得很自动化，不太了解进食对于维持生命及健康的重要性。我们被欲望驱使，而不是被需求驱使，我们与食物的关系被社会压力、广告、工业、农业、食品加工以及对口味和分量的偏好决定着。在很多第一世界国家，尤其是在美国，这种与食物或进食的失联已经导致肥胖症流行了十余年。

*

这些年来，我和很多人一起细嚼葡萄干。我发现，实际上这与"葡萄干"本身无关，很多人赞同这一点。吃葡萄干练习仅仅是探索味道之景以及我们与饮食之间的关系的一个机会。我们通常会以相当自动化的方式和很少的觉知来参与这个练习，很难觉察到我们在怎么吃、吃的速度、食物的味道以及身体什么时候告诉我们该停止。同时，吃葡萄干练习也给了我们机会探究自己身心的本质。并且，正念吃葡萄干的练习能够帮助我们意识到自己与整个世界之间的关系。

我们的进食行为通常是由原始冲动驱使的，并伴随着同样原始的、非常无意识的相关行为。从亲身经历来看，如何真正有意识地进食和品尝食物是所有正念练习中最大的难点之一，尽管乍看来这似乎很容易。自我喂养（self-feeding）的习惯模式根深蒂固，正如前文提到的，这一模式中有非常原始的元素。所有人都必须学会喂养自己，其实我们一直在这样做，不仅仅是为了维持生命，更多的是出于习惯，是为了满足与真正的营养无关的渴望，而这种渴望更多地源于情绪上的不适，而非实际的饥饿。当然，与朋友和家人分享食物是最基本、最深刻和最令人满意的社交方式之一，它满足了我们内心深处的其他需求。

我们了解世界并与之保持联结的方式之一是通过嘴巴、舌头精细的能力，来品尝、辨别食物。如前文所述，在"感觉小矮人"地图中舌头所占的区域是相对较大的（见《正念疗愈的力量》），这说明舌头作为了解世界的工具是很重要的，其重要性不仅限于味觉。我们都像婴儿那样会把东西放在嘴巴里，这是探索事物最原始和最直接的方法。岩石较硬，沙子有颗粒感，蓝莓湿软，所有东西都有其独特的质地，在口腔里会给人带来独特的感觉。

观察一颗葡萄干一会儿，超越概念和个人观点地真正"看到"它，在咀嚼葡萄干时，有意识地把觉知带入口腔，这种味道本身往往会以一种令人惊讶的新奇感爆发式地进入我们的嘴巴和大脑，这可能是相当发人深省的……这是一个感觉的宇宙，其中所有的感觉都在每一刻里迸发、融合。当然，不一定非要用葡萄干，如果放慢节奏，我们可以有意识地把觉知带到正在吃的任何东西上。与这一口食物在一起，并真正品尝它、咀嚼它，在我们吞下它之前了解它。

据说，味觉（或许也可以与气味结合）最能够唤醒回忆。马塞尔·普鲁斯特（Marcel Proust）在《追忆似水年华》（*Remembrance of Things Past*）一书中描述了味觉唤醒回忆的例子：

在品尝这块小玛德琳⊖蛋糕之前，它并没有让我想起任何事情……但是很快，我意识到这块玛德琳在她的青柠花汤中浸泡过，如同姨妈曾给我吃过的那块玛德琳一样……立刻，往事浮上心头。姨妈住过的那幢面向大街的灰楼、她房间的位置以及另一幢我父母居住的面对着花园的小楼，这些像舞台布景般一同呈现在我眼前。

接下来在探索大脑、内在和外在的感觉、记忆等这些与觉知本身之间的密切联系时，我们会继续探讨这一章所涉及的内容。

⊖ 玛德琳（madeleine）是一种扇贝形的法国风味的小甜点。——译者注

第十一章

心之景

　　风景、光之景、音之景、气味之景、味道之景，最终都可以扩展归结为"心之景"。没有心的洞察力，我们就不会真正看到任何景象（无论是内在还是外在的）。在保持觉察时，在"了知"中休憩时，我们就是在心之景的深层本质之中休憩，在觉知本身无边无际的空间之中休憩。可以说，觉知是觉知自身的感官。也许觉知的终极意义在于它可以放大其他所有感官的感觉。正如对其他感觉保持觉知那样，我们也可以培养对觉知本身的觉知，从而以新的、极其有益和极具转化性的方式来进入觉知之中。

　　在觉知之中栖居于我们自己的心之景，这并不太容易，也不太难，我们所需的只是动力。尝试更加熟悉的"心之景"本身是特别重要和值得的。系统化的正念课程本身展示了触及"心之景"的几种方式，比如品尝它、闻它、栖居于它、成为它，这些方式使我们能够最大程度地触及它。

我们可以在任何时刻"坠入"当下并在觉知中停留，在整个体验的领域中保持完全觉醒，无论这个领域有多大或多小，我们都可以调整好镜头来观察每个层面上的体验来来去去。没有哪一种体验是永恒、持续不变的。景象、声音、身体感觉、此刻的吸气与呼气、气味、味道、感知、冲动、想法、感受、情绪、观点、偏好、反感，一切都在来来去去、不断变化，它们能够让我们有无数机会来了解无常、我们自己的渴望和执着的习惯。

在任何时刻，我们都可以真正地去看、听、触摸、闻、品尝、了解事物本来的样子。这并不是我们在追求的某种理想，正相反，这是我们随时都在经历的"活着"的体验，这是多维度、丰富的、千变万化的现实。复杂吗？是的，然而它又是如此简单。如果我们带着觉知，就可以栖居于此。

如果持续地去熟悉事物本来的样子，那么我们也会更加熟悉"心之景"，就可以在每时每刻更好地放下，不再努力强求事情按照我们的意愿来发展（与未来有关[⊖]），也

⊖ 作者意指这些恐惧是关于"未来"的，与当下关系不大。——译者注

不再害怕事情不按照我们的意愿发展。

在练习中我们会了解、体验到觉知，一旦能够偶尔保持觉知，或者让觉知变得更加稳定、持续，我们就可以在心之景中承认事物本来的样子（哪怕不是完全接纳）。如此，在任何时刻我们都可以超越名相、超越外表、超越喜欢和厌恶、超越好与坏，与自己的整体性相联结，与自己的美丽相联结。只有在这里，我们才能找到平静。只有在这里，我们才可以为所爱之人和这个世界贡献自己的智慧、能量和爱（需要通过切切实实地熟悉"心之景"来做到）。可以说，心之景包含了"身体之景"、所有感官的体验。心之景在本质上是智慧、慈悲的。无边无际，可以容纳一切的觉知本身，远远超越了我们的身体，驱使我们去认识宇宙中一切的相互联系，从而认识到他人中的自我、自我中的他人。

觉知之中包含着慈悲，不过这并不意味着在任何时刻（取决于各种起因和条件）你的生命中都不会存在冲突、"不接纳"、（你的大脑、生活中的）撕裂和拉扯。这些可能会有的，这也是人类（包括那些练习正念的人）心之景的一部分。但是，随着时间的流逝，一切会逐渐发生变化，我们的内心从拥有更多内在冲突变得拥有更多安宁，从拥有更多愤怒变得拥有更多慈悲，我们从只看到事物的表面变得能够更加深刻地理解事物真正的样子。或者，有时如此，有时并不如此。在任何时刻，我们都可能拥有一定程度的平静、对自己和他人的慈悲以及一定程度的洞见。而这些与所有其他栖居于这片内在风景中的一切都需要被留意和尊重。最终，这里没有需要实现的理想。心之景就是如此并一直如此。而挑战是：我们可以了解它吗？我们可以不被它束缚吗？我们可以处于其中却依然保持自由吗？持续地熟悉心之景，可以帮助我们朝着觉醒的方向倾斜，更加明智地采取行动或选定立场。

第十二章

当下之景

　　当下，一切都在展开，或许也可以说，在"当下之景"中展开。我们已经观察到，大自然仅仅处在当下并且永远处在当下。树木在当下生长，鸟儿在当下飞过天空或停在树枝上，河流和山峦处在当下，海洋处在当下，我们的星球在当下转动。一位物理学家在写一篇关于爱因斯坦和时间的文章时指出，事物的变化是我们测量时间的方式，因此，任何以某种规律变化的事物都可以被称为时钟。实际上，说时间是我们测量变化的方式，不如说变化是我们测量时间的方式。因为，时间本身就是一个谜。一切都在变化，所以才有时间。万事万物皆在变化，所以我们会体验到"时间"，可以通过片刻走到时间之外来体验到"变化"，超越时间那抽象又如谜一般的概念，了解、熟悉事物的本来面目。

时间在流逝，而我们并不知道时间是什么。当我们问当下是什么时间时，答案只有一个，不管大本钟、你家的闹钟、你的手表和大峡谷正在告诉你的时间是几时几分，终究是时间塑造了这个时刻。你猜怎么着？自始至终，时间就是当下。

哪怕稍微思考一下，你都会清楚地了解，当下是我们此生唯一"活着"的时刻。或许，这种认识是不言自明且微不足道的，但需要我们沉入心灵、进入我们心的源泉。或许，这种认识是难以完全理解的。除了当下，没有任何其他时间了。与我们所认为的相反，我们哪里也不"去"。生命在此刻是最丰富的，比其他任何时刻都更加丰富。尽管我们可以想象未来的某个时刻会比此刻更令人愉悦或更令人不愉悦，但我们其实没办法真正知道。不论未来如何，它不会是你所期、所想的那样，而当未来到来时，那也会是一个个当下，那也会是很容易被我们错过的瞬间，就像此刻一样。我们在之前的时刻里所种下的"因"使未来变幻莫测。

从这个意义上来说，不论我们走到哪里、身在何处、遇到何事，无论现在是什么时间或者日历上显示的是什么，我们总是只有片刻可活。

因此，我们不知怎么地想要竭尽全力最大化地使用时间。这通常要求我们留意此刻。为什么？因为此刻如此转瞬即逝，因为我们如此容易在感官之景和心之景中失去此刻，我们如此容易执着于这些景致中的各种栖居者和能量，这样很容易失去与自己、他人和世界的联系。我们可以奔向未来、抱怨过去，我们认为如果这件事情发生了、那件事情没发生，未来就会一切都好。这些在一定程度上都可能是真的，但这仍然会让你错过你的某部分生活，从某种意义上来说，让你错过你的一生。

你可以把它看作大逃亡。我们从感官之景和心之景逃离，从当下之景拼命逃离。每当事情不符合我们的喜好时，我们就会被其影响……而讽刺的是，即使对于喜欢的事情，我们也是如此。我们可以选择栖居于心、身体和世界的内在及外在景致，也可以选择追求大逃亡，忘记很重要的一点——即使在最艰难的时刻，我们的生命也总是奇妙地孕育着各种可能性。它们是不可错过的。

感官可以唤醒我们，也可以使我们"昏睡"。心可以唤醒我们，也可以使我们"昏睡"。感官感受仅仅在当下呈现，但可以立刻将我们带到回忆或期待之中，使我们陷入对过去无休止的且通常是无意义的关注（例如发生或未发生的一切以及它们如何影响现在的"我"），抑或是对未来的执迷、种种担忧和为更好的未来所做的计划（我们认为，那时我们或许可以成为真正的自我，但现在没有时间这样做）。

在这个过程中，此刻，即我们拥有的唯一时刻，可能会受到严重挤压，以至于它几乎不会被看到和感觉到、不被了知和使用。只有正念才可以使我们回到此刻，使此刻回归我们。我们和当下之景永远在这里，永远不分离，但是我们只能感受这个事实，不能够只依赖思考来获得对它的理解，因为有生命的、体验的维度在思考的过程中被破坏了。这个事实不能被简化为思想，因为它根本不能被简化。当下是最重要的，你也如此。

这不是说我们不去在意未来，不去努力工作来为社会进步做出贡献，不去努力使这个世界变得更加公平与和平、使生态更加平衡、使经济更加自由。它也不意味着我们应该变得无动于衷，不去努力实现自己的意图和梦想。它不意味着我们不能继续努力学习、成长、疗愈，不能调动我们的创造力、想象力、能量以争取我们的利益和幸福，不能通过我们的工作和对生活的爱为这个世界做出贡献。正相反，如果我们渴望一个不同的未来，比如想要改变国家、国际、社会或地缘政治的规模，或者想要改善我们自身和社区生活，或者仅仅想完成大多数需要完成的事情，那么我们只有唯一一个可以影响未来的时间——当下。

因为，当下就是未来，而且当下已然在此。当下是前一刻的未来，以及那一刻之前所有瞬间的未来。回想一下你的生活，对于你的少年时期、青年时期或任何已经过去的其他时刻而言，现在就是那个未来。你过去希望成为的自己，就是你。在这里，此刻，你就是他。你不喜欢吗？是"谁"不喜欢？是"谁"在这样想呢？是"谁"想要你更好、想要你变得不同？那也是你吗？醒过来吧！这就是你，你已然如是呈现。

但是，这是一个很重要的"但是"，在此刻，你是否完全了解自己——当下的自己，这才是问题。这是正念的全部，真的如此。正念是持续地栖居于当下之景，它是一种觉醒，超越了喜欢与不喜欢（我们常常被卷入其中）、想要与拒绝，超越了未经检验的、有破坏性的情绪习惯和思维方式。我们可以以这样的视角和出发点来身处这个世界，为这个世界工作。

这或许是一个有价值的任务和挑战，我们可以把自己交付给这个世界，并在这个世界中将正念融入生活，就在每个时刻、在这里、在今天。

我们可以将每个当下的时刻都称为一个分叉点。我们不知道接下来会发生什么，当下的时刻孕育着各种可能性。不论我们在做什么、说什么、从事什么或正在经历什么，如果此刻我们是正念的，那么下一个时刻就会受到正念的影响。这与我们不留心或陷入了身心或其他外部景观的旋涡之中完全不同。所以，如果我们希望有好的未来，那么我们唯一的办法就是珍惜未来之前的时光，即当下，因为未来也会是一个个当下。我们唯一能做的是认出每一刻都是一个分叉点，并意识到这会使这个世界、你的世界、你唯一狂野并宝贵的人生变得不同。我们把握未来的最好方式就是把握好当下。

在将来的某个时刻到达某个地方其实是一种幻觉。所以，让我们带着完整性和临在来行事，对自己和他人保有善意和慈悲，把握好当下。如是而已。

把握未来的最好方式就是把握好当下，这是一个让我们练习如何保持临在的不错的理由。接下来我们将在书的第二部分介绍正式的冥想练习。

你是否体验过无比彻底的停止，

无比完整地与你的身体在一起，

无比完整地与你的生命在一起，

你所知的、所不知的，

曾经发生的和尚未发生的，

以及现在的情况，

都不再使你焦虑或不安？

那会是一个保持全然临在的时刻，超越努力、超越接纳，

超越想要逃离、解决问题或勇猛向前的渴望，

这是全然存在的时刻，独立于时间之外，

是全然的：看到、纯粹的感觉，

在这个时刻，生活如其所是，

这种：全然存在：深深吸引着你，

通过你所有的感官，

通过你所有的回忆和基因，

通过你的爱，

欢迎你回家。

第二部分

拥抱正式练习：体验正念

第十三章

卧姿冥想

　　如同培育正念及活出正念的其他方面那样，练习卧姿冥想时最重要的也是"坠入"觉醒。

　　因为只要躺着就会有睡着的可能性，特别是在有些困倦、迷糊，快睡着时更有可能，所以我们必须付出一些努力来记得"坠入"觉醒。通过不断的练习，我们是能够学会"坠入"觉醒的，也能够学会在觉知中保持更深层次的临在。

　　卧姿冥想有很多优点。其一，在练习冥想的初期阶段，躺着可能会比坐着更舒服一些，躺着练习也往往能够坚持更长的时间。其二，我们在睡前会躺下，因此每天都会有两次绝佳的机会来将卧姿冥想融入生活（不管是只冥想几分钟还是冥想更长的时间），一次是在晚上入睡之时，另一次则是在早上醒来之时，这些时刻我们都可以与自己在一起。并且，在伸展身体尤其是躺着伸展时，通常我们能够很容易地感觉到腹部在随着呼吸而变化，比如腹部会随着吸气上升、扩张，随着呼气下降、收缩。躺着时我们也会有一种被抱持、被支撑的感觉。我们可以完全沉浸于重力的怀抱之中（向重力臣服），把身体的重量完全交给支撑着我们的地板、垫子或床。有时，我们可能会感觉自己这样躺着像是在漂浮，这种体验或许非常令人愉悦，也使我们更有动力来栖居于身体和此刻。

完全沉浸于重力的怀抱（向重力臣服）会让我们拥有一种"无条件臣服"的精神，不是臣服于那些对我们幸福的外在威胁，而是对全然栖居于当下的屈服，无论我们当下处于何种状况。通过练习完全沉浸于重力的怀抱，我们会更有动力和意愿来无条件地沉浸在当下，能够全然、开放地接纳我们的身心和生活中所发生的一切。简而言之，顺其自然，放下。

无论躺在床上还是地板上，当我们以卧姿来正式地培育正念时，有意地采用瑜伽中所谓的"摊尸式"很有帮助。这个姿势要求人们仰卧，双臂自然放在身体两侧，双脚自然垂向两侧。采取这个姿势时，我们如同尸体一般。这一点并没什么令人伤感的，这只是一个提醒，提醒我们可以有意地放下过去、放下未来，这样可以沉浸在当下、沉浸在我们此刻的生命本身。从某种程度上来说，你躺着时确实如同尸体一般，采取这个姿势时你可以有意识地保持一种态度，即"内在的死亡"（至少暂时放下对想法和外部世界的关注），然后可以对当下的丰富性敞开。当然，你可以以自己喜欢的任何卧姿来练习正念，例如蜷缩起来或者肚皮朝下趴着。每一种姿势都有其独特的能量和挑战，如果我们以"真正活出来的觉醒"之态度和开放之心去面对当下的时刻，那每一种姿势都是完美的。当下这个时刻，无论选择什么姿势，你都有许多种不同的方式可以练习。

*

在做卧姿冥想时，我们可以躺在一个舒适的地方，比如毯子、地板、床或者沙发上，无论姿势是什么样的，我们都可以沉浸在此时此刻的体验之中。向音之景敞开，如同我们已然死去，此刻我们仅仅是在听这世界的声音。唯有当下，没有我们。带着这样的态度，我们能够以一种全新的方式来听声音，并且能够感知声音与声音之间的静默。一开始你也可能发现什么声音都听不到，因为你正沉浸在身体感受的"轰鸣"、大脑中的噪声和不断涌现的想法之中。

在整个冥想过程中，我们可以仅仅专注于听，在发现注意力从声音上离开时可以一遍遍地将它带回来。也许可以问问自己："是谁在听呢？"这是一种非常有力量的练习方式……我们可以通过"听"把注意力带到感官上来。

允许"听"成为我们生命体验的一部分（当然，它本来就是），运用没有具体对象的注意力广度来练习，来觉察每时每刻里各种感官升起的一切感觉和知觉（无论是内在还是外在的）。因为我们把心智看作第六种感官，所以觉知的范围自然包括一切心理现象。我们之后会详细探讨这种没有具体对象的注意力广度练习，它被称为无拣择的觉知。

或者，我们也可以仅仅注意呼吸的感觉、注意身体某个特定部位的感觉或身体整体的感觉。作为最后一种练习的一部分，我们可以选择关注皮肤，感受整个身体表面的感觉，关注此刻的任何感觉并觉察它们是如何改变的。我们也可以关注身体周围的空气，它们浸泡着身体、包围着身体，我们甚至可以想象皮肤本身在呼吸。

我们也可以沉下心来观察想法以及它们所承载的情绪"负荷"，无论它们是积极的、消极的还是中性的，无论它们的强度如何，都让它们成为觉知领域的中心，同时让其他方面退至背景。或者，我们可以在一段时间内将某个对象作为觉知的中心，然后让它退至背景，将另一个对象带到觉知的中心。

如你所见，无论我们的姿势如何，正念的调色板都是巨大的。它不断邀请我们使用多种方法并礼敬这些方法，因为，对于我们培育和深化觉知、平静以及不执着而言，这些方法是如此必要与重要。与此同时，我们可以记住并不断提醒自己：可以通过任何关注对象（比如呼吸、身体感觉、大脑中无数的想法等）来休憩于觉知之中，也可以直接休憩于无拣择、无边无际、广袤开放、超越行动的觉知本身之中，也可以仅仅成为那份了知本身、觉知本身。

无论选择哪种方法，我们都可以选择睁开眼睛或者闭上眼睛来进行练习。如果在平躺时睁着眼睛，我们可以简单地通过眼睛来看身体上方的事物，例如天花板。当然，如果你在一个晴朗温暖的日子里躺在草地上，一次凝视云朵数小时，这本身就是一种冥想。同样地，如果躺在树下面，你也可以凝视这棵树。如果你十分疲劳、昏昏欲睡，也可以睁开眼睛做练习，这是特别有帮助的。

闭着眼睛练习卧姿冥想也是非常棒的。许多人发现闭着眼睛可以帮助自己更加敏锐地觉察身心的内在之景，可以增强内在的专注力。你可以自己决定是否闭眼进行练习，也可以不时进行不同的尝试。

没有唯一"正确"的练习方式。有些传统提倡人们在练习时睁着眼睛，有些传统则提倡闭着眼睛。有时我们的选择也取决于当时的情况和自己的感受。不过，最好在冥想练习的早期采取一种主要的方式，而不是仅仅根据自己的心情来回变换，这样我们才可以了解所选择的练习的深度。

正如前文提到过的，在入睡前和醒来后进行卧姿冥想是特别有帮助的，我们可以通过这种方式来像三明治一样"夹住"一天。你可以在早上（甚至在起床前）遵守承诺，把正念练习作为一天中的第一件事情，这对于你的一整天都有积极深远的影响，让你在一整天中有各种机会来练习正念。你甚至可以在起床前就制订一个计划，将一整天作为一个毫无停顿的冥想，在这一天中，如其所是地与生活中发生的一切保持临在，在每一个瞬间里保持好奇、内心的开放与清明。无论在这一天里你会做什么，都可以将这种觉知扩展到所有活动中，比如起床、刷牙、淋浴[⊖]等。

　⊖　因为心很容易迷失在故事和大脑的噪声之中，失去与身体和此刻现实的联结，所以我常常建议人们在下一次淋浴时检查一下自己是否真的在淋浴。发现自己并没有在真的淋浴本身一点也不稀奇，例如你可能会发现自己正沉浸在一个和同事的会议中，尽管这个会议尚未开始。实际上，在那个时刻，可以说整个会议都在和你一起"淋浴"。与此同时，你可能正在错失那一刻的体验，比如水在你皮肤上流过的感觉以及那一刻里其他鲜活的体验。

然后，在一天结束之际，在这一天经历了各种事情之后，躺在床上，你可能会体验到身心正在休憩，休憩于"身体作为一个整体"的感觉里，休憩于宽广的心之空间里，超越了对于这一天是"好的"和"坏的"的评判。躺在这里，我们可以感觉身体是一个整体，去感觉我们存在的完整性，以及我们如何在更大的完整性和关系中存在着（远远超越我们自己）。通过这种方式，我们可以逐渐放下一切，迎接睡眠的到来。

我们不仅仅可以在睡前和醒来后（为什么不在每天早上起床前做完冥想练习，然后完全醒来呢）练习卧姿冥想，还可以在其他任何时候使用上述任何一种方法来练习。最终，就像所有其他冥想一样，卧姿冥想最重要的是"坠入"此刻，在觉知中休憩，于时间之外每时每刻观察事物本来的样子。

有时候，我十分渴望自己可以躺在地板或床上进行冥想，而不是采取坐姿等其他姿势。仅仅躺在地板或地面上一会儿，就可能会改变我们对这个时刻、这一天以及正在发生之事的整个态度。这样做可以使头脑中片刻不停的"前进驱力"减慢或暂停，并帮助我们重新调整，来正念地应对一切状况。这样做还可以帮助我们以更宽广的视角来看待事物，比如自己此刻的身心以及它们是如何回应正在发生之事的。如果你生病了躺在床上，或在医院里做长时间的身体检查，例如 CAT 扫描或 MRI 磁共振成像（这些都要求你躺下来，静止不动），这些时候卧姿冥想都非常有帮助。

我们几乎可以把躺着的任何时刻都当作练习卧姿冥想的机会，并借此发现生命中隐藏的维度，发现学习、成长、疗愈和转化的新的可能性（这些可能性就存在于当下这一刻之中）。无论此刻正在发生什么，如果我们愿意真的面对它们并与其保持临在，就容易拥有更多的可能性和更深的领悟。

卧姿冥想中还有身体扫描。

研究证明，身体扫描是一种非常具有疗愈性的、强有力的冥想，它是正念减压课程中卧姿冥想的核心之一。人们在练习身体扫描时，会系统地扫描整个身体，用一颗充满关爱的、开放的、好奇的心来关注身体各个部位。通常，我们从左脚的脚趾开始扫描，然后扫描脚的其他部位，即脚底板、脚后跟、脚背，然后扫描左腿，包括脚踝、胫骨、小腿、膝盖、整个大腿（包括大腿表面和里面），接着扫描腹股沟和左边臀部。然后，扫描右脚的脚趾、右脚的其他部位，接着以与左边相同的方式从下向上扫描至右腿。然后，缓慢地扫描整个骨盆区域（包括臀部和生殖器官）、下背部、腹部，接着扫描上背部、胸部、肋骨、心脏、肺部、肩胛骨、锁骨和肩膀。然后，扫描指尖、手指、手掌、手背、手腕、小臂、肘部、大臂、腋窝，再一次扫描到肩膀。接着，扫描颈部和喉咙，最后扫描面部和头部。

在这个过程中，我们可能会留意到身体不同部位奇妙的解剖结构、生物学功能，以及更诗意、更有隐喻性和情感色彩的维度。我们也可能会留意到每一个部位的潜能和曾经的经历：比如脚部对我们的支撑能力，生殖系统的性和繁殖能量，女性分娩的能力，有生育经历的女性怀孕和分娩的记忆，膀胱、肾脏和大小肠的消化与净化功能，腹部的消化功能及其对于呼吸和身体维持重心的重要作用，在重力场中我们能够直立的能力（这可以说是我们下背部的一种"胜利"），太阳神经丛的辐射，胸部的核心作用（无论从隐喻层面还是身体实际层面来说都是如此，心脏在胸部，在我们的语言中有"暖心""开心""仁心""铁了心"等说法），肩膀巨大的活动力，手和手臂之美，咽喉非凡的结构和功能，咽喉与肺、舌头、嘴唇一起配合使我们可以通过说话和歌唱来表达内心，面部努力传达或隐藏感受的能力，人脸在平静状态下那份安然的尊严，奇妙的大脑不断变化的结构和能力（大脑位于头盖骨之下，是宇宙中已知最复杂的构造）以及神经系统。用充满关爱的注意力和正念的觉知扫描身体时，我们可能对前面提到的这一切都充满感激之情，而不是去回避身体感觉或对于身体的想法，仅仅把一切抱持在觉知中，抱持在"比思维更深的地方"。

你可以以一种非常细致的方式进行身体扫描，可以通过"心之眼"依次观察每个部位，于时间之外，带着觉知在这些部位栖居。你可以感觉呼吸是如何进入、穿过每个部位的（呼吸的能量的确通过血液去到每个部位并滋养了它们）。如果你自己练习，并且有时间和意愿，那么可以按照自己的节奏缓慢地进行身体扫描，花时间在每个部位栖居，通过觉察呼吸以及呼吸时每个部位的感觉，使自己与这些部位之间的关系变得越来越"亲密"。在准备好的时候，你可以放下当前的部位，选择扫描下一个部位。

我们减压门诊的患者在课程的前两周里需要每周至少练习六天身体扫描，这六天里每天练习一次，每次都要跟随指导者的录音练习 45 分钟。在之后的几周里，他们也会持续地进行身体扫描练习，不过会与另一种练习（先是正念瑜伽，然后是坐姿冥想，患者需要跟随指导者的语音进行练习）交替进行。如果你处于冥想初期（特别是当你有慢性疾病或者任何形式的慢性疼痛时），建议把身体扫描作为正念练习的核心。不过，身体扫描也并非适合每个人，即使对于喜爱它的人来说，它也不总是最佳的冥想选择。无论你的情况如何，不时地练习身体扫描都是非常有帮助的。如果把身体当作一种乐器，那么身体扫描就是一种调音。如果把身体当作宇宙，那么身体扫描就是了解这个宇宙的一种方式。如果把身体当作一座房子，那么身体扫描则是打开门窗、让新鲜的空气将其打扫干净的一种方式。

你也可以更加快速地扫描身体（这取决于你有多少时间以及所处的状况）。可以在一次吸气或者一次呼气的时间里完成身体扫描，或者进行一分钟、两分钟、五分钟、十分钟或二十分钟的身体扫描。扫描的精准度和细节水平取决于你扫描身体的速度，每种速度都有其优点，不过最终，重要的是要以任何可能的方式来与你的整个存在、你的身体在一起。

不管计划练习多长时间，你都可以选择于夜间或清晨在床上练习身体扫描，也可以选择坐着或站着练习。有无数种把身体扫描或其他卧姿冥想带入生活的有创意的方式，无论使用哪种方式，你都很可能会发现这给自己带来了新的生命，你会拥有一种感激之情，感激身体如何作为媒介来切实体现当下最深层及最美好的自己，包括你的尊严、美丽、生命力以及你的心（那颗开放且不被打扰的心）。

我再一次强烈推荐卧姿冥想，尤其是早晨躺在床上时可以做这个练习。通常来说，我们把早上起床称为"醒来"。但我们真的醒来了吗？我们可能仍在半睡着，或者仍然在"自动驾驶"的状态下飞速前进着。为什么不在这个时刻审视一下，自己是否并不需要在这种自动化模式下来完成某些事情？为什么不在双脚落地、一天开始之前，确保自己完全醒来并对身体保持觉察，而非迷失在思绪中、被日历中的待办事项驱使？卧姿冥想是极其有力量的练习，它能够很容易地成为一种我们的存在方式，帮助我们将觉知扩展到一整个白天乃至黑夜。我们甚至值得专门花一些时间来练习卧姿冥想，或许可以设置更早的闹钟，并把卧姿冥想作为"坠入"觉醒的清晨仪式之一。

第十四章

坐姿冥想

　　与卧姿冥想一样，坐着也有许多种可以培育正念的方式。最终，它们都归于有技巧地栖居于当下之景、了解事物本来的样子并与其保持临在。这听上去很简单，事实也的确如此。同时，与其他练习方式一样，坐姿冥想并不是随意进行的。我们能够并且需要对自己保持友善和温柔，就像我们的生命依赖于此一般来静坐，因为在某些时刻里确实如此。

　　为了理解这一点，我们必须明白坐姿冥想究竟意味着什么。它不仅仅意味着坐下，还意味着我们要与当下这一刻建立一种关系，对生活采取一种态度。这就是在正式坐姿冥想练习中采用和维持一个体现尊严的姿势（无论对于你来说这意味着什么）如此有帮助的原因。不管是外在的身体姿势还是内在状态，都可以彰显你的尊严，显示你的生命主权——你究竟是谁、是怎样的存在。这超越了语言、概念，超越了他人对你的看法，甚至超越了你自己对自己的看法。这是一种不卑不亢的尊严，是全然临在中的平衡，是一种自然呈现。

把坐姿冥想看作一种全然的爱的行动会很有帮助，哪怕我们并不能常常感受到这一点，也可以尝试去这么做。这种爱包括我们对自己的爱、对他人的爱、对世界的爱、对"静默"和"洞见"的爱、对"慈悲"的爱、对最重要之事的爱。随着时间流逝，你会发现练习（以一种超越了语言和概念的方式）确确实实是一种全然的爱的行动。

从这个角度来看，我们所谓的"坐姿冥想"可以通过任何姿势来进行，包括躺着或站着。因为心才是重要的，而外在姿势是否为坐姿并不重要，"安坐"的是我们的心。

当然，正式的坐姿冥想练习有许多优点，其中最重要的是它具有极大的潜在稳定性。与选择坐姿冥想相比，选择卧姿冥想更容易入睡，而如果选择站姿冥想的话，维持姿势本身就容易使人疲劳。选择坐姿（尤其是当你学会从肌肉用力的角度尽可能地保持稳定的姿势时）可以增强你的能力，使你能够专注、安稳、深入、坚定地进行正念练习。

就身体姿势而言，盘腿而坐，并通过冥想坐垫或板凳来适当抬高臀部，这种姿势最有稳定性。[⊖]直接坐在地板上的姿势不一定适合每个人（特别是在练习初期），而且对于正念练习而言，最重要的不是身体的稳定性，而是心的稳定、开放、明晰以及我们对练习真诚的态度，所以坐在哪里并不重要。甚至，练习时的身体姿势也没有那么重要。坐在椅子上冥想也是一种同等有效、有力量的方式，如果椅背是垂直于地面的，就可以帮助你坐直，这样的姿势切实体现着觉醒和尊严。不过，我们不需要太执着于"尊严"的概念或者某种特定的坐姿。真的，最重要的是内在的态度，而非外在的姿势。

一旦调整好坐姿，我们只需让自己沉浸在对当下的觉知中就好。与做卧姿冥想时一样，我们可以选择睁着或者闭着眼睛进行坐姿冥想练习。

或许"听"是进入坐姿冥想最基础的法门。因为，除了觉察传入耳朵的声音之外，其他什么也不用做。既然一切都已经发生，既然我们已经听到了，那么除了了知，无事可为。真正的挑战是，我们"能够"了知吗？我们"能够"坐在这里，（不借由精细的大脑进行加工）真正听到

⊖　坐在冥想坐垫（蒲团）上的实用贴士：坐在坐垫的前三分之一处而不是坐垫中心，这会使你的骨盆向前倾斜并在下背部形成轻微向前的自然弯曲（脊柱前凸），这很重要。

此刻的声音吗？对于我们大部分人而言，大多数时候的答案是"不能"。我们可以尝试觉察自己有多么忽略此刻的声音。在坐着的时候，每时每刻都可以把注意力向音之景开放，并尽力将注意力维持在音之景中。用佛陀的话说，在听中，只有那被听的。或早或晚，心一定会游移，在这个时刻或者在我们终于意识到自己没有觉察声音时，可以留意心在那一刻去了哪里（在发生时就是"这一刻"），或者那一刻之后心在哪里。在这个过程中，我们不要评判自己，如果这么做了，那就不对评判本身再进行评判。此时此地，我们只是简单地重新把听觉囊括在觉知范围内，让声音重新成为注意力的焦点。当注意力转移、被带走时，我们会再次把注意力一遍遍地拉回到"听"。

对于冥想初学者来说，另一个同样简单易用的方法是将呼吸（而非声音）作为主要的觉察对象。因为如同声音一般，呼吸也是常常在当下进行的，且与你形影相随，你没有办法在离开家时不带上呼吸（无论从字面上还是从隐喻层面来说）。这个练习邀请我们去留意自己每时每刻的呼吸，或许从概念上来说很简单，但这个练习并不容易，尤其是去"维持"我们对于呼吸的注意是不容易的。与其他形式的冥想练习一样，觉察呼吸的练习同样意义深远，因为它们最终培养出的正念是相同的，因练习而生发的洞见也是相同的。

关注的对象并不是最重要的，"关注"本身才是。无论你做哪种练习、你的关注对象是什么，都要牢记这个关键准则。关注对象固然重要，但它却是相对次要的。各种感官之门都是进入觉知本身的不同入口。不论你是从哪扇门进入的，重要的不是偏爱这扇门或那扇门，或留在门口对它发表评论，重要的是进入觉知的空间并在此栖居。

对于呼吸练习的基本指导是，在尽可能保持有尊严的坐姿的同时，将注意力放在身体上能够最明显感觉到呼吸的部位（通常是鼻孔或腹部）。然后，（不管我们能在多大程度上做到）在空气通过鼻孔进入身体时，持续觉察呼吸的感觉，或者持续觉察腹部随着呼吸而起伏的感觉。

如果发现心已经从主要关注对象跑开了（心注定会一遍遍跑开），那么我们可以简单留意一下，在发现心跑开、重新想起呼吸的那个时刻心在关注什么，并意识到我们有一阵儿与呼吸"失联"了。并且，这么做时尽量不要自我评判或自我谴责。意识到我们不再与呼吸在一起这本身就是觉知，因此我们已经回到了此刻。重要的是，我们不必驱散、推开甚至不必记得上一刻占据我们的心的是什么。只需要允许呼吸再一次回来成为我们关注的焦点，呼吸几乎从来没有成为过焦点，不过在这一刻，它与其他任何时刻一样"触手可及"。

不管进行觉察呼吸还是觉察声音的练习，当你感觉到自己在对呼吸或者对声音的觉知中已经稳定之后，可以把觉知的范围扩大，将身体的感觉囊括进来，这是坐姿冥想的另一种有效方法。包括对身体不同部位的感觉的觉知：当这些感觉出现时，或许某种感觉会占一会儿主导，然后它在片刻之间或在整个坐姿冥想过程中发生改变。身体感觉可能包括膝盖的不适、背部的疼痛、头痛，或者身体内部微妙的感觉，如轻松、舒适、愉悦。身体感觉可能包括身体与地板接触部分的压力和温度的感觉、刺痛、瘙痒、脉动、疼痛、抽动、气流的轻触、身体任何部位的温暖或凉爽，其可能性无穷无尽。身体感觉可能还包括严重的身体不适或疼痛，这些或许是由于长时间坐着或者某个特定的医疗状况引起的，不过它们都不是深化坐姿冥想练习的阻碍。虽然采取保守策略，避免超出你当前的极限总是很重要的，但是，无论有什么样的身体感觉，我们都可以尝试在坐着时仅仅觉察身体感觉，留意它们是令人愉悦的、不愉悦的还是中性的，留意它们的强度，并尽量对它们不做情绪上的自动化反应，不以我们的偏好来"点燃"它们，不试图让其变得"更好"。简而言之，我们简单地向当下升起的一切感觉铺开红色迎宾毯，无论当下的感觉是怎样的，都去拥抱它们本来的样子，超越我们的好恶，超越我们对于事情应该或不该怎样的期待，使我们与当下之景的关系变得更加"亲密"。而我们也会一次次地看到，当下之景包括并扎根于身体。通过这种方式，我们与身体之景、身体感觉（通过身体感觉了解身体之景）之间的关系也在变得更加"亲密"。

也可以感觉身体作为一个整体在坐着，呼吸着，有些传统将其称为"全身坐姿"，我发现它特别有帮助。在这里，我们向本体感觉以及身体其他的感觉敞开。觉知现在拥抱了整个身体，包括皮肤和坐姿本身。我们可以留意到所有感觉（包括之前提到的所有那些）都在身体内不断流动着，向所有感觉敞开，无论感觉是愉悦的、不愉悦的还是中性的，无论感觉在身体的哪个部位，无论究竟是什么感觉，我们都如其所是地接纳感觉本来的样子（无论我们能够多大程度上做到这一点）。

在这种练习中，呼吸和身体作为一个整体汇聚在一起（并不是说它们总是分开的）。我们只是时时刻刻休憩于此，当然，当这种状态因为分心或外在景色的干扰而中断时，我们要一次又一次地重建这种状态。

如你所见，觉知可以无限扩展。静坐时，觉察范围可以包括听、看（如果眼睛睁开）、闻，我们可以单独关注其中一个，也可以同时关注几个。而总体的姿态是相同的：在觉知之中休憩，无论这一刻被看到、被听到、被感觉到、被了知的究竟是什么，我们只是在它们升起、徘徊、消逝时，去看到、听到、感觉到、了知。我们就是这份了知本身，我们与最本质的部分联结、与觉知的潜能以及了知本身的潜能联结，这份了知本身超越了名相、形式、概念的常规界限。

在坐姿冥想中，我们也可以允许呼吸的感觉、音之景以及其他感官的感觉一起退至背景，而把此刻一些其他方面的特定体验作为觉知的中心，例如思维的过程、情绪。就像关注五种更为传统的感官活动那样，我们可以把"心"本身作为一个感官来关注其活动，这样做可以让我们更加熟悉自己的心以及它是如何运作来提升或抑制觉知的。

在这种练习中，当我们静坐时，只需要把注意力放在想法上，将想法作为觉知范围中的事件，这些事件通常如涌泉、洪流或瀑布一般升起（流动）、消逝。尽力留意它们的内容、所承载的情绪（愉悦的、不愉悦的、中性的）以及它们转瞬即逝的本质。同时，尽力不让自己卷入任何想法的内容中。我们很容易就会发现，想法只会引起另一个想法、图像、记忆或幻想，将我们带入想法的洪流中，而不是让我们留在了知的框架中。在了知的框架里即在觉知本身之中，我们以一种平衡之心对待一切想法，把想法看作带着内容和情绪的事件，简单地看到它们本来的样子，看到它们只是瞬时的事件，在心之景中升起、徘徊、消失。

正如这个过程所暗示的那样，特定的图像可能对练习有帮助，只要我们不过分执着于这些图像就好。例如，我们可以将自己的想法和情绪想象为不断流淌的河流。把练习当作一份邀请，我们被邀请坐在河岸边，只是听这条河持续不断的气泡声、汩汩声、旋涡声等各种声音，只是看相关的画面、故事，而不被卷入其中并带走。无论是否在冥想，是否在观察，这么做都是有帮助的。我们可以坐在自己思维之流的岸边，通过倾听思维之流的声音来了解它，比如它的特点及其所承载的一切，而我们如果一直被困在思维之流中就没办法了解这些。这是探查我们心之本质的一种直接而有效的方式，而我们的心既是探查工具，也是探查对象。

另一个有帮助的图像是"倾泻而出的心念"，想法和情绪如同瀑布一样从高高的悬崖上奔流而下。可以想象在水和水雾组成的水幕之后有一个洞穴，我们可以坐在那里观看、聆听想法及情绪之流，或者至少可以将其中某些想法、情绪视为独立的水滴——在混乱而复杂的瀑布中的一些独立事件。这些独立事件可以被我们看到、感觉到和了知，同时我们不会掉入奔涌的水流中并被其带走，甚至都不会被水雾打湿。我们保持舒适和干爽，仅仅和这些想法、情绪在一起，仅仅在每个"心念事件"、每个"水泡"出现、徘徊和消失时有所了知。

　　此外，还有一个有助于我们正念地关注想法和情绪的图像，就是想象自己透过高处的窗户观察下面街道上的车水马龙。我们的任务仅仅是平静地留意此时此刻从窗户下方经过的那辆车（即我们的想法）。这些车可能是旧的或新的，花哨的或普通的，电车或非电车，我们的心可能会在某辆车离开之后还在思考它、幻想它或者想知道它和其他我们见到或没见到的车或制造商的关系（无论那些制造商仍在营业还是已经关门）。如果一辆车具有怀旧价值，那么无论出于什么原因，我们的心都可能会在记忆中找到它（例如，儿时愉悦或不愉悦的家庭出行），或者开始梦想下一辆想买的车，或者会想到全球变暖而不买汽车。无论如何，在这个过程中，我们的思绪因为被其中一辆（使思维之流不断前进的）汽车带走，而忽视了眼前所经过的其他数百辆汽车。这种状况肯定会一次又一次地发生，每一次我们都可以尽力去留意自己被思维事件带走的时刻，接着留意当下，再次在当下的参照系中看到此刻我们视野中心的车。

　　无论我们选择使用哪种图像或经历哪种过程，观察想法和感受都是极其困难的，它们常常四处扩散。尽管想法和感受无足轻重、转瞬即逝，但它们确实"建构"了我们的现实、编造了我们的故事（关于"我们是谁、是一种怎样的存在"，关于"我们关心什么"以及"什么是有意义的"）。另外，想法和感受常常承载着某些情绪负荷，这恰恰是一种我们未曾审视过的习惯，它确保我们能够生存、能够理解世界及我们在世界中的位置。

因此，我们通常对很多（假如不是大多数的话）想法和感受都非常执着，无论它们是什么，并且毫无疑问地直接把它们的内容作为真相来看待，几乎从未意识到想法和感受实际上只是我们觉知范围中的分散独立的事件，这些事件很小且转瞬即逝，从某种程度上来说，它们常常是不精确、不可靠的。有时候我们的想法可能在一定程度上是具有相关性的、准确的，但它们通常被我们"自我中心""自我珍视"（self-cherishing）的倾向扭曲，比如我们的野心、厌恶、偏好忽视的倾向，被自己的野心和厌恶蒙骗以及被有时我们尚未承认的自以为是蒙骗的倾向。

此外，还有无拣择的觉知练习。

我们通过前文提到的不同练习所培育的觉知之范围在本质上是无限的，我们可以进一步扩展觉知，而不是仅仅留意每一刻的想法和感受之流。允许觉知的范围是无限的、无边无际的，就像空间本身或天空，留意它可以囊括我们的一切体验，不管是内在的、外在的、感受的、知觉的体验，还是躯体的、情绪的、认知的体验，它们都可以作为关注的对象。不必选择某一种特定的体验来作为关注对象，我们可以在如天空般广袤的觉知之中休憩。允许一切体验自然地来来去去、出现与消失，并在当下之景中、在一切体验的完整性中时时刻刻地了知它们。

　　这就是被克里希那穆提（Krishnamurti）称为"无拣择的觉知"的练习。它类似于默照禅中的"只管打坐"练习，也类似于大圆满（Dzogchen）练习。佛陀称之为"无主题的觉知汇聚"（themeless concentration of awareness）。如果以这种方式训练我们的心，那么无论此刻正在发生什么，当它发生时，心本身就有能力立即知道并识别出其真实本性。无论觉知的领域内在发生什么，它们都在被心本身以一种非概念的方式了知，就像天空了知空中的鸟儿、云朵和月光一样。在这份了知之中，没有依附、厌恶，有记忆、思维泡泡，有悲伤、愤怒、受到伤害的感觉或者"自我解放"的快乐。如禅师所说的"触碰肥皂泡"，不同的是，我们在用"心"触碰，当我们在这份了知之中触碰到觉知领域中的一切时，它们会自然消融，就像"在水上书写"（writing on water）那样不留痕迹。

*

　　生而为人，好似客栈，

　　每个清晨都迎来新的访客。

"欢喜""沮丧""卑鄙"，
一些与不期而至的访客一同到来的
瞬间的觉知。

欢迎并款待所有访客吧！
即使是一群悲伤之徒，
恣意破坏你的屋舍，
搬空所有家具，
仍然尊贵地对待他们吧，
他可能带来某些崭新的欢愉，
洗净你的心灵。

无论是灰暗的想法、羞愧还是恶念，
都要在门口笑脸相迎，
并邀请他们进来。

对任何访客都心存感激，
因为每位访客
都是上天赐予我们的向导。

——鲁米，《客栈》

第十五章

站姿冥想

　　站着冥想也是可能的。与坐姿、卧姿和行走一样，站姿也是四种经典的冥想姿势之一。

　　当我们进行站姿冥想时，我们可以从树那里获得灵感。因为，树的生命一般比人更长，它们真的知道如何在一个地方伫立很久。而且无论树有多古老或多年轻，它们自始至终都保持着全然的临在。因此，有时仅仅花点时间站在一棵我们最喜爱的树旁边也会有帮助。我们可以练习站在时间之外，听树所听到的声音，体验树所体验到的光，感受树所感受到的空气，站立在树所伫立的土地上，在树所栖居的这一刻栖居，并持续地栖居……

　　就像做所有其他冥想练习那样，在你第一次想要放弃时先不要放弃，再坚持一下，哪怕只是很短的时间，也可以尝试超越目前练习的极限，这很有帮助。如果你能够完全沉浸在身体里，或许可以想象（或者感受）自己的双脚扎根于大地，头优雅轻松地伸向天空（在中文里，"人"字就如同一个站着的人的样子）。因为，天与地之间是人所存在的空间。

这种站立，是一种有意识、顶天立地、踏踏实实地"伫立"在你生命之中的体现。因此，可以说，你对于自己的生命采取了某种"立场"。正念的站姿可能体现在以下方面：你的仪态、身体、双脚如何均匀地承担重量，头部、手臂和手掌的姿势甚至包括你愿意持续多久。对这些元素保持觉察是非常有帮助的。当然，不管你的站姿是什么样的，尝试保持立身中正（换句话说，就是有尊严地站着）都是有益的。这样的站姿往往可以让我们的心清晰、平静，更加开阔。

以这种姿势站好后，可以用一种宽广的觉知来觉察当下之景（包括此刻所有的感官之景和心之景）。然后，就像坐姿冥想和卧姿冥想那样，只是简单地和当下的一切在一起，以任何你此刻觉得合适的方式来进行觉察，只是站在这里，仅此而已，成为已然在此的了知，即站立的觉知。这就是站姿的无拣择觉知练习，它包括身体的站立、呼吸、听觉、视觉、触觉、感觉、感知、嗅觉、味觉以及

CMP BOOKS

打开心世界·遇见新自己

华章分社心理学书目

扫我！扫我！扫我！

新鲜出炉冒着热气的书籍资料、心理学大咖降临的线下读书会名额、
不定时的新书大礼包抽奖、与编辑和书友的贴贴都在等着你！

机械工业出版社
CHINA MACHINE PRESS

刻意练习
如何从新手到大师

[美] 安德斯·艾利克森
罗伯特·普尔 著

王正林 译

- 成为任何领域杰出人物的黄金法则

学会提问
（原书第12版）

[美] 尼尔·布朗
斯图尔特·基利 著

许蔚翰 吴礼敬 译

- 批判性思维领域"圣经"

内在动机
自主掌控人生的力量

[美] 爱德华·L.德西
理查德·弗拉斯特 著

王正林 译

- 如何才能永远带着乐趣和好奇心学习、工作和生活？你是否常在父母期望、社会压力和自己真正喜欢的生活之间挣扎？自我决定论创始人德西带你颠覆传统激励方式，活出真正自我

聪明却混乱的孩子
利用"执行技能训练"提升孩子学习力和专注力

[美] 佩格·道森
理查德·奎尔 著

王正林 译

- 为4~13岁孩子量身定制的"执行技能训练"计划，全面提升孩子的学习力和专注力

自驱型成长
如何科学有效地培养孩子的自律

[美] 威廉·斯蒂克斯鲁德
奈德·约翰逊 著

叶壮 译

- 当代父母必备的科学教养参考书

父母的语言
3000万词汇塑造更强大的学习型大脑

[美] 达娜·萨斯金德
贝丝·萨斯金德
莱斯利·勒万特－萨斯金德 著

任忆 译

- 父母的语言是最好的教育资源

十分钟冥想

[英] 安迪·普迪科姆 著

王俊兰 王彦又 译

- 比尔·盖茨的冥想入门书

批判性思维
（原书第12版）

[美] 布鲁克·诺埃尔·摩尔
理查德·帕克 著

朱素梅 译

- 备受全球大学生欢迎的思维训练教科书，已更新至12版，教你如何正确思考与决策，避开"21种思维谬误"，语言通俗、生动，批判性思维领域经典之作

了知本身。哪里也不去，你扎根于此，站着不动，用伟大的印度苏菲诗人卡比尔（Kabir）的话来说，就是"在你所在的地方安稳地站着"。

当然，你可以在任何地方进行站姿冥想练习，不一定非得在树的旁边进行。不需要等待任何人或任何事，你随时随地都可以练习，练习时长不限。你可以在等电梯或乘电梯时练习，也可以在等公共汽车或火车的时候练习。如果你和他人约定在公共场所见面而在这个地方不方便坐下来，也可以练习。你可以仅仅为了站姿冥想本身而站立，不必烦躁不安，不必移动太多，只是作为人类本身在自己的生命中站立。只是站着，存在着，活着。山顶、森林、海滩、码头、阳台或你家里的任何一个角落都是练习站姿冥想并见证世界如何运转的好地方。

与其他练习一样，做站姿冥想练习也需要足够的意图和注意力，无论我们是有意地唤起它们，还是毫不费力地让它们在那一刻自然出现。一些诗歌谈到了这种注意力，谈到了它与"站立"、树之间的关系，谈到了此刻之美。

*

静静地站着。前面的树和你旁边的灌木丛并没有消失。
无论你在哪里，都是在"这里"，

而你必须把它当作强大的陌生人，

必须得到允许才能了解它并被它了解。

森林呼吸着，倾听着，回答着。

我围绕着你建造了这个地方，

你如果离开它，还是可以回来，回到"这里"。

对乌鸦来说，没有两棵树是相同的。

对鹪鹩来说，没有两根树枝是相同的。

如果一棵树或一丛灌木令你迷失，

那你一定是迷路了。

静静站着。

森林知道你在哪里。

你必须让它找到你。

——大卫·瓦格纳

*

我的生命并不像你看到的那样充满起伏、匆匆忙忙。

有许多事物站在我身后，

而我像树一样，站在它们面前；

我只是众多嘴巴中的一个，

而且，仍然是最快的那个。

我是两个音符之间的余音，
它们总是不和谐的
因为死亡的音符想要翻越——
但在黑暗的音程里，它们和解了，
留在这里，它们瑟瑟发抖。
而歌声还在继续，很美。

——赖内·马利亚·里尔克

第十六章

行走冥想

　　与坐姿、卧姿和站姿冥想一样，行走冥想是通往同一个房间的另外一扇门。这几种冥想练习的精神和方向是一样的，但行走冥想的练习方式有些许不同，因为我们在动。从根本上来说，它们是同样的练习，而行走冥想唯一不同的只是需要行走。然而，这和普通的行走有很大不同——你哪儿也不去！正式的行走冥想并不重视用双脚到达哪里。你只是与每一个步伐在一起，全然存在于你实际所在的此处。你无须尝试"到达"什么地方，甚至无须"到达"下一步，只需持续地真正"到达"此时此刻。

　　行走时，我们有机会以一种不同于坐着或躺着的方式存在于自己的身体里。我们可以把注意力带到双脚，感受走每一步时双脚与地面的接触，就像我们在亲吻大地而大地也在亲吻我们。我在前文中已经谈到过这种"相互性"的奇迹以及这种接触的完全对等性。觉知的范围包括无数感官感觉、本体感觉以及其他感觉。

行走是一种有控制的前进，我们花了很长时间才学会行走，却常常将行走完全视为理所当然，忘记了行走是多么神奇和美妙。如同在其他任何冥想练习中那样，在行走冥想中我们的心也会游移，此时我们只需像之前提到过的那样，留意心去了哪里，留意我们此刻的心里有些什么，然后温柔地把心"护送"回来，回到此刻，回到当下这一口呼吸以及这一步。

因为你哪里也不去，所以最好在一个步道上一遍遍地、慢慢地来回踱步，以此来将分心的可能性降到最小。这个步道不需要很长，来和回各十步的距离就可以。在任何情况下，行走冥想都不是观光旅游。你可以目光柔和地看向前方，无须去看你的脚。你的双脚以一种神秘的方式知道自己在哪里，你可以将觉知栖息于双脚之上，可以觉知每一步的每一个小细节，可以觉知正在行走、呼吸的整个身体。

因为我们可以以不同的速度来进行行走冥想，所以我们可以在很多时候将行走冥想应用于日常生活中。事实上，从正念行走发展到正念跑步是很容易的，而正念跑步本身就是一种很好的练习。当我们可以进行更远程、更快速的正式行走练习时，当然就可以放弃小步道。但是，我们在正念减压课程中初次介绍正式的正念行走练习时，会让大家非常缓慢地进行这个练习，以抑制我们想要快速移动的冲动，培养我们与行走体验相关的感官维度的亲密感，使我们更加了解头脑中所发生的事情，更加了解这些感官维度如何与整个身体的行走联结、与呼吸联结。

从站立开始，在我们为自己选择的步道的一端，把觉知带到整个站着的身体。觉知的范围可以包括整个当下之景。在某个特定时刻，我们再一次"相当神秘地"开始觉察到心中的冲动，想要通过抬起一只脚来开始行走。因此，在"冲动"使脚真正抬起来之前，我们对这种冲动和脚的抬起是有所觉察的。这正如我们在吃葡萄干的冥想中那样，指导语包括在真正开始吞咽之前觉察到吞咽的冲动。

我们从仅仅抬起脚后跟开始，觉知整个脚和腿抬起并向前移动，然后觉知脚放在地面上的过程，通常是脚后跟先着地。当此刻前面的那只脚完全踩在地上，留意重心从后脚转移到前脚，然后留意后脚的抬起，脚后跟先抬起，然后身体的重心完全落在前脚上，如此持续循环:抬起脚－向前迈－放下脚－重心转移，抬起脚－向前迈－放下脚－重心转移。

在行走过程的每个细节中，我们都可以感受到与行走相关的全身感觉：抬起后脚的脚跟，腿向前伸，脚后跟着地，重心转移到前脚上等每个细节的感觉。我们也能够感觉到这些细节的无缝连接，感觉到行走在持续进行（假如在这么慢的情况下行走是持续的话）。我们可以将行走循环的许多方面与呼吸配合起来，或者简单观察随着身体前行呼吸是怎样进行的。当然，这很大程度上取决于我们走得多慢或多快。在慢行中，我们走小步，只需要像平时一样行走即可，就是速度较慢而已。即使想要使行走的动作变得夸张或者具有某种风格，也不需要真的这么做。我们只是在探讨普通的行走，仅仅是走慢一些，仅仅是正念地走。

　　如果想尝试把呼吸与步伐的循环协调起来，那么可以尝试在后脚的脚跟上提时吸气，然后呼气，在呼气时暂停、不动。然后，下一次吸气时，后脚完全抬起、向前迈步。在这一次呼气时，我们把那只脚（现在是前脚）的脚后跟向下接触到地面。在下一次吸气时，后脚脚跟抬起，前脚继续向下直到整只脚完全踩在地面上，重心转移到前脚上。在下一次呼气时，我们再次暂停。下一次吸气时，我们把后脚向前。然后我们继续，一刻接着一刻，一个呼吸接着一个呼吸，一步接着一步。如果你觉得这么做太刻意、做作或者太费劲，那么你只需要自然地呼吸就好。

　　双手需要怎么做呢？仅仅去觉知它们，怎么样？你可以把手臂垂下来，或者把手放在背后，或者把手放在你前面，比如身体前面低一点的地方或者高一点靠近胸部的地方。让双臂双手找到一种方式来休息、保持"平和"，来作为整个身体的一部分以及身体行走体验的一部分。

请记住，所有这些指导只是如脚手架般一样的工具，你可以试验许多种不同的行走冥想方法。最终，和所有其他正式练习一样，没有一种所谓"正确"的方法，你可以去试验什么样的行走冥想对于你来说是最有效的。进行行走冥想练习时，你只需要简单地走路，并"知道"你在走路，只需要去感觉、觉察这副行走的身躯的真正本质，并以一种非概念的、直接的方式了解它。换言之，为行走而存在于此，存在于行走之中，与每一步保持临在，不要跑到"你自己"的前面。

就像禅宗所言，走路时只需要走路。如同坐姿冥想一样，行走冥想也是说起来容易，做起来难。因为你会一再发现，我们都会发现，大脑会做它想做的事情。常常我们的身体在行走，而心却被其他事情占据。正念行走的挑战则是让身心合一，仅仅对此刻正在发生的一切保持临在。就像其他所有时刻一样，此刻正在发生的一切是极其复杂的。在正念行走中，我们试图将与行走相关的感觉作为觉知范围的中心，并在我们的心跑到其他地方时重新将其带回到与行走相关的感觉上。这样，正念行走与其他任何正念练习都没有区别，在行走时，我们可以将觉知范围固定在某一处或将其按照你的意愿进行扩展，从留意每时每刻脚部的感觉，到对广阔的当下之景进行无拣择的觉知。

目前我还没有谈及慈心冥想的正式练习指导，不过可以快速预览一下，你甚至可以在走路时进行慈心祝福练习，在走路时可以想到希望祝福的人。你可以在每走一步时都想着同一个人，也可以想到许多人，每步一个，依次循环祝福：愿这个人快乐，愿那个人快乐；愿这个人不受伤害，愿那个人不受伤害。在阅读完慈心练习的章节后，你会明白的。这个练习在你缓慢且正念地行走、全然存在于你的身体中时最有效。

*

在外面寻找真相，它会越来越远。

今天，独自行走，

我走到哪里都能见到它。

它和我一样。

但我不是它。

只有你明白这一点，

你才能与真相合二为一。

——东山（807—869）

第十七章

瑜伽

　　本书不会深入探讨瑜伽的细节。可以说，瑜伽是地球上最伟大的恩赐之一。通过一系列流畅多样的瑜伽体式，你能够从瑜伽这份恩赐中受益，能够将正念带到你的身心，恢复活力、变得振奋、精力充沛、熠熠闪光。你可以把瑜伽当作一种全身的、三百六十度的骨骼肌肉调理。在练习瑜伽时，你自然会获得更强大的力量、更大的平衡性和灵活性。瑜伽本身就是一种深刻的冥想练习，尤其当你带着正念练习瑜伽时更是如此。当身体层面的力量增强、平衡性和灵活性提高时，心在这些方面的能力也在增强。瑜伽也是一个伟大的入口，能帮助人们获得宁静、了解身体的复杂性及其被疗愈的可能性。同时，和任何其他冥想练习一样，瑜伽也是练习无拣择觉知的完美平台。我们正念减压门诊的许多病人认为瑜伽是一种非常有力量并适合自己的正念练习方式。

尽管本书不会深入探讨瑜伽的细节，但是为了引起你的兴趣并扩展你对瑜伽的理解，我想特别说明：坐姿、站姿和卧姿都是瑜伽姿势，在瑜伽中有许多种坐姿，而站姿被称为"山式"，卧姿被称为"摊尸式"。事实上，身体所能做出的每一个姿势都可以是瑜伽，尤其将觉知带入该姿势时更是如此。在哈他瑜伽中，据说有超过84 000 种基本姿势，而其中每种姿势都有至少十种变化，这就使瑜伽姿势总共超过了840 000 种，这也意味着有无数种将这些姿势进行排列组合的方式。因此，你能够探索与创新的空间是无限的。更重要的是，正念呼吸是瑜伽练习的一个关键部分。在正念地练习瑜伽时，留意在做出和保持每个姿势时你是如何呼吸的，在身体的不同姿势中你呼吸的速度、深度，以及最重要的——在每时每刻里你觉知的品质，包括对于呼吸、感官感觉以及心的觉知。

在练习瑜伽的过程中，我们所采取的态度（心保持临在和敞开）是首要的，姿势本身是次要的。当然，在84 000 种瑜伽姿势中，瑜伽练习的基本序列相对较少，你可以在许多优秀的瑜伽老师那里学习这些。有许多遵循不同瑜伽传统的瑜伽学馆、项目和静修中心，在这些地方你可以跟随老师学习瑜伽练习方法，也可以与他人一起进行有规律的练习。瑜伽在西方的盛行，标志着成千上万人（无论老少）的一种渴望和一场运动，大家在坚定地朝着更高的身心意识、真正的幸福和一生的健康迈进。太极拳同样如此。

正念哈他瑜伽一开始就是正念减压不可或缺的组成部分。它也是奥尼什博士心脏健康生活方式项目（Heart Healthy Lifestyle Program）的一个重要组成部分，该项目已被证明可以逆转心脏病。同时，正念哈他瑜伽也是瑞秋·雷门（Rachel Remen）和迈克尔·勒纳（Michael Lerner）开发的公益癌症帮助项目（Commonweal Cancer Help Program）的一个重要组成部分。几乎任何人都能够以某种非常渐进和缓慢的方式来练习正念瑜伽，即使你患有慢性疼痛，有长期的损伤，或者已经久坐了数十年。我们甚至可以躺在床上或者坐在轮椅上练习瑜伽，也可以以有氧的方式来练习。各种瑜伽流派都有本流派特殊的传承和练习方式。但从本质上来讲，瑜伽是普适的，其姿势反映了人体运动、平衡和静止的非凡能力。

当病人由于受伤或慢性疼痛无法做出某些动作时，我们鼓励他们去想象自己在做这些动作。有趣的是，仅仅想象也会有作用，或许想象本身可以让神经系统和肌肉组织为未来（当某些特定部位的炎症减轻时）尝试真的做出这些动作做预备，想象也可以使人们提高专注力、信心，增强意愿。开始时可以轻柔地做一些动作，无论能够做到什么程度，无论这些动作会用到身体的哪些部位，都能够帮助我们开启一段新的旅程——减少失用性萎缩、加快身体恢复速度、动用不同部位以做出更大幅度的动作。通过不断练习，人们常常能够扩大许多关节的活动范围，使关节变得更加灵活，使身体的活动更加自由，并获得更多的力量和平衡。

如同坐姿冥想或卧姿冥想那样，有规律地甚至每天都练习瑜伽是非常有价值的。让身体来到瑜伽垫或地毯上，轻柔、系统、正念地（最重要的是）进行练习，用各种体式和姿势序列逐渐使觉知重新栖居于你的身体，并探索此刻身体不断变化的边界、局限和能力。无论你年龄多大、开始练习时身体状况如何，经过几天、几周、几个月、几年的练习，你可能会发现自己的身心都在发生显著的变化。秘诀是保持动作轻柔，并在任何时候都留意身体的局限。这样，你就减少了肌肉、韧带、关节过度拉伸或紧绷的可能性，并让身体拥有最大的可能性来成长为它自己，身体通常远远超越于它表面上的局限性。这永无止境，即使最微小的努力也是充分且重要的。就是这样，在此时此地"栖居"。即使你设定了目标来激励自己、调动自己的能量，旅途本身仍是目的地。同时，既没有旅途，也没有目的地，只有此刻。

通过这种方式留意身体，我们能够从身体那里学会如何在每时每刻里最好地保护它。如果我们在不设期待的情况下沉浸在身体的体验之中，就能够感受到身体并且了解它。如果随着时间推移身体变得越来越强壮和健康，那就更好了。瑜伽不仅有助于深化坐姿冥想练习，最重要的是，它能够帮助我们在日常生活中切切实实地活出正念——这是真正的冥想和瑜伽练习。

通过练习正念瑜伽，我们对"栖居于身体之中"的理解能够更加宽泛、深刻，能够体验到这副"活着的"身体在每个时刻里更加丰富、微妙的感受。"rehabilitation"（康复）一词的深层含义实际上是学习重新"栖居于内在"，该词从法语 habiter 而来，意为停留、栖息。它的印欧语系词根 ghabe 的意思是给予和接受。

那么，在地球上"给予和接受"与我们"栖居于身体之中"有什么关系呢？在一个新的公寓或房子居住时，从某种意义上来说，难道不是把自己交托给这个新的空间吗？我们可能要了解一下这个空间的特点和质量、房间的位置，阳光在一天的不同时间如何洒在不同房间里，门窗的位置以及在这个空间内流动的能量。随着时间推移，如果我们愿意"接受"，那么空间本身会让我们了解哪些东西要放在哪里，如何最好地栖居于这个空间以及怎样的翻新能够使它变得更加实用。不能过早下结论，我们没有办法在看到它的第一天或者搬进去的第一天就知道这些，必须慢慢让空间向我们展示它自己，而这也只有在我们愿意"接受"它的情况下才会发生。这种敏感是一种智慧。

同样地，如果身体需要复原，特别是在生病或受伤之后、在患有慢性疾病或疼痛、在很长时间内都忽视身体的情况下，我们要把自己交托给整个身体，交托给我们所发现的"身体之景"。具体来说，一刻接着一刻地去感觉身体，通过心以及正念的、轻柔的活动来探索身体。如果通过这种方式仔细观察，身体就会回馈我们，让我们了解它的感觉、它此刻的极限和需求。我们所感受到的身体与活着的体验之间是相互关联的，这有助于我们一天接着一天、一刻接着一刻地来学习如何再次"活在身体里"。谁的身体、谁的生命不需要和不渴望在某个时间获得这样的恢复？难道我们非要等到自己受伤或者遭受疾病之苦时才开始这么做吗？

当我们正念地对待身体时，它的回应总是未知的，绝不是我们假设的那样。不过身体喜欢这个过程，它喜爱这样的关怀和正念的关注。并且，它常常以人们难以想象，有时甚至难以相信的方式来做出回应。

在《正念疗愈的力量》一书中，我们可以看到一个有些极端且极其引人注目的例子，演员克里斯托弗·里夫

（Christopher Reeve）从马上摔下来后，因为脊髓受到损伤而瘫痪了，后来他获得了深度康复。获得疗愈、恢复身体功能的原则是不要超越极限，在身体此刻的安全水平范围内进行练习，无论是练习正念瑜伽的人还是将正念带入身体锻炼的人，都要遵循该原则，特别是那些把正念瑜伽作为自己康复和疗愈的一部分的正念减压参与者更要如此。

身体的康复——全然栖居于身体之中并熟悉它本来的样子（不管是什么样子），是正念练习、正念瑜伽的普遍特点。如果将身和心分离开来，那么单独谈论身或者单独谈论心的价值都是有限的。我们最终在探讨整个生命层面的恢复，一如既往地从此时此地开始，一刻接一刻地、一步接一步地、一个呼吸接一个呼吸地，重新发现我们的内在完整性。

第十八章

只是了知

　　如前文所述，无论采取哪种姿势（卧姿、坐姿、站姿）来进行正式的正念冥想练习，甚至在行走或做瑜伽的时候，如果愿意，你都可以有意识地关注觉知领域中的思维过程本身，把想法当作分散的独立事件，观察它们就像观察天空中来来去去的云朵一样。

　　开始时，我们需要在指导下通过某种方式进行练习，这可能是一场宏大的"观众运动"，随着时间的推移，"观众"这个层面可能会自行消失。通过观察思维过程本身，我们可以看到大脑中的"事件"是如此微小而短暂，它们并非实质性的存在，通常是完全虚幻的、十分不准确或不相干的，然而，它们却可以产生重要的影响。真的生气时，我们可以看到想法在如何戏剧化地影响我们的身心状态和决策（这些决策可能对我们自己和他人有很不好的影响），使我们不能真正看到事物此刻本来的样子并与其保持临在。时时刻刻观察想法，尤其不再把它们当作"我的"，这可以使我们得到深刻的启发和解放。了解这一点可能使我们感到谦卑，因为我们如此容易完全陷入想法的洪流之中。

无论采取什么身体姿势，一种正念地对待想法的练习方式是纯然地观察和感受想法，把一个个升起的想法看作水沸腾时从水底冒出的一个个气泡，或者将想法看作山间小溪，潺潺流淌，绕过河床中的岩石。

另一个可能对你练习有帮助的意象为：就像看无声电视那样观察你的想法，观察屏幕上在发生着什么，当然无须添加字幕。内容很快就会失去它的力量，而你会以不同的方式看待一切，因为你不再沉迷其中，不再被想法的内容、相关的评论、情绪或剧情迷惑。你会有更多的机会将想法视为觉知范围中的事件，就像天空中的云朵、水上的书写那样，最终，只是纯然的看、纯粹的了知。

正如前文多次提到的，我们的想法似乎是被串起来的，如同街上的车水马龙。想法之间有时候有着明显的关系，有时候则互相分离。有时候思维之流只是涓涓细流，而其他时候，它是奔涌的激流、咆哮的瀑布。而我们始终面临同样的挑战——只是把这一个个想法当作"想法"，而不被它们的内容或相关情绪所迷惑，即使我们也能感知到这些。这样，我们就可以认识、了解到想法只是"发生的事件"，只是觉知范围中分散的独立事件而已。在想法出现、徘徊、消失时，我们常常会进入无休止的思维之流里的下一个想法中，其实可以把想法只是当作"想法"。我们也可能面临另外一个挑战——去看到、感觉到这些想法之间的空间，让觉知休憩于这些空间之中以及对想法事件本身的拥抱之中。

通过这种方式，我们有意识地栖居于觉知本身。休憩于觉知和非概念的了知之中，如同照镜子一般，我们可以即刻了知一切，包括"了知"本身内部的所有干扰，包括各种形式的想法，如思维之水滴、水泡、涡流，又如观点、评判、思维之流可能升起的渴望。想法是可以被直接、立即可见可知的，其内容和情绪负荷都是可见可知的。

仅此而已。我们不必追逐想法，不必去压抑、抓紧或推开它。如果可以，我们只是看见、知道、认出想法，因此我们只是通过觉知本身来"触碰"想法，通过即刻将其记录为"想法"的方式来"触碰"它。而在那份"触碰"之中，在那份了知和"看见"中，如同我们的指尖触碰肥皂泡一般，想法也瞬间破裂、消散、分解、蒸发。如前文所述，想法在被认出的那一刻，它自我解放了。想法只是在广阔的觉知范围中升起、消失，不需要我们的努力和意图，就像海洋上的波浪，短暂升起，接着又退回海洋，随即波浪失去了自己的身份及其片刻的自我，回归了它们未分化的水的本质。我们什么也不做，并且停止以任何方式去强化这些想法。因为，强化想法只会让其扩散成另一个想法、波浪和水泡。

因此，我们能够越来越熟悉想法只是想法，只是瞬时的头脑事件，而非事实。能够看到自己大脑中的叙述只是构造或捏造的，不一定真实或不够真实。我们可以在纯然的临在和无为中休憩，而不会频繁地卷入自己的想法和情绪之中。我们的言行，甚至我们栖居于自己身体的方式和面部表情，都不再与想法紧密地联系在一起。因为，我们每时每刻都可以更清晰地"看到"，所以可以更多地放下那些不明智的、自动反应的、自我中心的、攻击性的、可怕的冲动，正如这些冲动由于我们的了知而放过并离开我们那样。所以如果我们看到并了解想法只是想法，而不是事情的真相，当然也不是"我们是谁"的准确代表，那么，想法在被看见和了解时不得不自我解放，同时，我们也从想法之中被解放了。在那一刻，我们自己和想法双方都被解放了。

在日常生活和正式冥想练习中，我们需要知道，我们不是想法（包括我们的观点甚至特别坚持的观点），想法并不一定真实，或者只在某种程度上真实，并且它们往往没有什么帮助。因为想法非常强大、持久，并且常常蒙蔽我们，所以如果不了解想法就是想法，对思维之流本身以及其中的一个个气泡、水流、旋涡都毫无觉知，那么我们就没有办法真正从想法中解放出来。

第十九章

只是听

　　正如前文多次提及的那样，声音以及两段声音之间的静默在不停地"抵达"我们的耳朵。在某个地方进行冥想时（可能坐着或躺着等），如果你愿意，我们可以有意地留意"听"……只是听到此刻的一切，仅此而已。邀请你现在花点时间尝试一下。

　　"只是听到此刻的一切"意味着我们不需要刻意做什么。声音已经"抵达"我们的耳朵，它们总是在"抵达"。而挑战是，我们能够真正听到吗？能够每时每刻与它们（与觉知相遇的声音以及两段声音之间的静默）在一起，正如我们对想法以及两个想法之间的空间所做的那样，不带好恶和评判，不进行衡量、分类或任何加工吗？当然，你可以通过听音乐来进行这样的实践，那会是一个有趣、美妙的练习。而通过此刻出现的所有声音来进行练习则是一项挑战，除非你处于声音纯净的本质之中，否则，这些声音通常不会一直令人愉悦。不过对于这个练习而言，声音本身是否令人愉悦并不重要，因为我们在练习对于愉悦或不愉悦的不执着，在练习"纯然地听"。

也可以称之为与"听"在一起。看看你能否只是处于"听"的纯然觉知之中。当然，在任何时刻，你都可能有关于所听到的声音的想法和感受、一系列不同强度的积极和消极情绪，这取决于声音唤起了什么，或许是记忆、幻想，或许什么都没有。在所有这些情况下，我们有必要一遍遍地允许非声音的部分成为"侧翼"而将纯然的"听"放在觉知范围的中心，直到再也没有中心、"侧翼"，或许也不再有"你"——这个在听的人，也不再有被听到的一切。取而代之的只有"听"，在一切之前，仅仅是纯粹"听"的体验和对"听"的非概念的觉知，而那即是正念。

以这种方式沉浸于"听"，你能够每时每刻在这份体验之中休憩，能够在发现自己注意力跑开时，一次次地回到"听"。注意力一旦被带走，就会产生思维，然后需要一些具体方法来使注意力重新回来。突然，那里又有了一个"你"和一个舞台，还有回到纯然的"听"的可能性。在这种时刻，只需要重新调整意图来纯然地"听"、维持注意力、一次又一次地让"听"自然发生，这不会耗费你任何精力，你并不需要刻意去"做"什么。事实上，在这样的时刻，你可以全然放下自己，向一切敞开：声音、声音之间的间隔以及在所有声音深处的静默。允许觉知和声音同时扩展，这样我们就可以即刻了解每个声音和每个静默时刻原原本本的样子，无须思考。因为，这就是心的本质，这就是我们称为"原始的心"所做的，它以非概念的方式已然了知，无须思考，甚至在思考进行之前就已了知。

栖居于"听"，成为"听"，与"听"融合（一开始这可能只是短暂的一小会儿）——不再有听者、被听者，只有"听"……一份纯净的觉知，没有中心或边缘，没有主体或客体。你可以一遍遍地造访、接触这份觉知，并随着练习的深化来维持它。

第二十章

只是呼吸

　　就像声音永远不会停止"抵达"我们的耳朵一样，只要我们活着，呼吸也不会停止，它一直在自动进行着。在每一个当下，我们总是处于呼气、吸气和它们之间短暂的停顿的循环之中。因此，无论练习坐姿冥想、卧姿冥想、站姿冥想、行走冥想还是瑜伽，我们都可以留意整个身体与呼吸相关的感受。除非正在经历窒息、溺水或者得了重感冒，否则我们很少留意、关心自己呼吸的感受，常常认为呼吸是理所当然的，对其不予理睬。

　　在培养对呼吸的正念时，我们可以有意识地留意呼吸的感觉。温柔地允许注意力来接近呼吸，就像我们遇到一个害羞的动物正在森林的树桩上晒太阳——带着这种温柔、兴趣和好奇心来接近呼吸。

　　或者，可以选择另一个意象，允许你的注意力"落"在呼吸上，就像树叶漂浮在池塘的水面上，然后在此休憩，你乘着"呼吸的波浪"，随着气息进出身体。看看你能否留意每一个吸气和呼气的全过程，留意"呼吸的波浪"在顶端、低谷的停顿。你不是在"思考"呼吸或呼吸的感觉，你在尽可能生动、亲密地"感受"呼吸的感觉，如同树叶一般漂浮于"呼吸的波浪"上，或者就像你在橡皮艇上漂浮于大海或者湖中细小的波浪之上。这样，你就是在一刻接着一刻地完全沉浸于呼吸的感觉之中。

　　只有信任。

　　难道叶子不是这样飘摇而下的吗？

　　在每时每刻里持续留意呼吸，作为观察者来观察你的呼吸消融为"只是呼吸"。主体（你）和客体（呼吸或者"你的呼吸"）消融为纯净、简单的呼吸以及觉知，无须"你"来创造这份觉知，随着呼吸的进行，这份觉知已经了解呼吸，它超越了思维，在比思维更深的层次，在思维之前，如前文提到的"听"一般。安坐于此，呼吸着，只有此刻，只有这一口呼吸，只有这非概念性的了知。整个身体都在呼吸，皮肤、骨骼、全身都在呼吸，都在吸气、呼气。它们呼吸着，同时也"被呼吸"着，超越了我们所有的相关想法。休憩于此，我们就是呼吸，我们就是了知，一刻接着一刻（如果还有"时刻"的话）、一个呼吸接着一个呼吸（如果还有"呼吸"的话）……品味呼吸，闻呼吸，尽情呼吸，允许自己"被呼吸"、被空气触碰与抚摸，将肺部的空气、皮肤表面的空气、四面八方的空气、身体内无处不在的呼吸与那份无比宽广的了知相融合。当然，与所有其他练习一样，当心游移到想法、回忆、期待、这样或那样的故事（哪怕是关于你在如何冥想、如何完全与呼吸在一起的故事，或者是不包括"你"的故事）之时，一次次地让心回到对呼吸的觉知上。

尽管我们会自然地说"我在呼吸"以及"这是'我的'呼吸"，但是需要记住一个事实，即如果由我们来掌管呼吸，那么我们早就死了。我们太过分心和不可靠，所以不能够掌管呼吸。我们会被卷入到某个想法、短信或电子邮件之中，而忘记让呼吸持续进行，然后……哎呀，我们死了。因此，无论"你"曾认为自己是谁，你的生物构造都不允许"你"靠近脑干、膈神经和横膈膜的任何区域（这些部位相互合作来维持你的呼吸，即使在你睡觉时也是如此）。更准确地说，你是在"被呼吸"，而不是在呼吸，这会减少人们以自我为中心的倾向。这种倾向提醒我们，留意"我们认为自己是谁"背后的恩赐和奥秘，也提醒我们，相较于那些我们创造出的叙事（关于我们的经历、我们是谁）而言，我们实际上要重要得多。

第二十一章

慈心冥想[⊖]

　　虽然慈心练习早已作为一种冥想练习被纳入了正念减压课程中，但是在很长的一段时间里我都对此感到有些矛盾。我之所以将这个练习纳入正念减压课程中是出于以下几个原因。首先，从根本上来说，如果所有的冥想练习都被视为全然清醒与爱的行为，那么它们也是充满慈心的行为。毕竟，我们强调正念是一种充满爱意、真诚的关注，并且欢迎和款待所有"访客"，这本身就是一种对自我热情、友善的姿态。而且，与"自己"一起安坐，这本身就

<hr />

　　⊖ "慈心冥想"（Lovingkindness Meditation）为目前通用译法。lovingkindness
　　一词本意为仁爱、慈爱。为了避免混淆，在本章中基本统一译为"慈
　　心"。——译者注

是一种全然爱的行为，它本质上是一种慈心，其深处是最重要的伦理精神和不伤害的意图。其次，正念减压的整个文化一直试图将切切实实地践行慈心和尊重希波克拉底原则⊖作为基础。在我看来，这无须明言讲出。与病人一起时，我们最好在各个方面都尽量做到充满爱心和善意。

对于把慈心练习作为一种正式的冥想练习来教导这一点，我最大的顾虑在于，这可能使处于冥想初期的人们感到困惑，毕竟到目前为止，我们一直把"无为""不强求"的态度作为所有冥想练习以及整个正念减压课程的基础与核心。直接、非自动化反应、不评判，这些都是正念练习的基本态度，我不想破坏它们。作为美国人，仅仅考虑采取这样的态度已经非常不容易，如果我们认真对待它们，并通过智慧的努力和自律将其变成自己的一种存在方式，那么这样的态度就可能具有深刻的转化性和解放性。

我犹豫的原因是，慈心冥想的引导不可避免地给人一种感觉，即你需要"做些什么"，需要召唤特定的感觉、想法并达到某种理想的内心状态。相较于只是简单地"观察"体验中自然升起的一切而不必为了某些特别的目的

⊖　希波克拉底是古希腊伯里克利时代的医师。他留下的《希波克拉底誓词》被视为医学行业道德的要求。因此，希波克拉底原则是指医学行业的道德准则，例如友善、不伤害等。——译者注

（仅仅以觉知本身为目的）而特意唤起某些想法和感受而言，慈心冥想给人的感觉完全不同，甚至截然相反。我不想让人们对"无为"这一练习的核心与态度感到困惑，因为这是非二元正念练习的基础，是由"无为"自然产生的智慧、慈悲的基础，是我们在正念减压课程中教授一切的基础。

我也不想因为在很短的时间里给予人们太多新东西而让他们感到困惑。毕竟，当你考虑某个传统中所有可用的练习时，冥想是一栋巨大而复杂的大厦。即使只想要熟悉其中的一小部分，也需要毕生的投入。不可能一次通过所有不同的门来进入同一栋大厦，而仅仅不停地从这些门进进出出是愚蠢的，这样的话永远都没办法真正花时间待在大厦的里面。

尽管没有掩盖这些差异，但正念减压诊所的人们仍然觉得至少应该体验一下正式的慈心练习，因为它有可能以十分深刻的方式触动我们的心灵，并能够让世界上有更多的爱与善意。本质上，慈心练习只是在唤起我们本已拥有的感觉，但是这些感觉总是如此隐秘，以至于我们需要不断地向其发出邀请。最终，我们如其所是地探讨人类的心，如其所是地接触、了解它。这份"接触""了解"实际上是无限的。因此，在正念减压课程中，虽然我们并没有将慈心冥想放在与正式的坐姿与卧姿冥想同等重要的位置上（某些十分适合练习慈心冥想的特殊个人和团体除外），但还是在第六周的一日静修中将慈心练习作为指导性的冥想向人们介绍了它。

慈心（在巴利语中被称为 metta）练习是佛陀所教授的四项基本练习之一。这四项练习统称为四梵住，包括慈悲喜舍，它们每一项都是严格缜密的冥想练习。前文介绍的所有正念练习都包含了四梵住练习的本质，并且，那些介绍使该本质更浅显易懂。我们可以通过四梵住来培养三摩地[⊖]（samadhi）或集中一处的注意力，这样可以唤起我们心的某些品质，从而改变心灵。在正念练习中为心的这些品质命名是很有帮助的，这样在它们自然浮现时我们更容易认出它们，并且能够更频繁地让心朝着它们的方向改变，尤其在困难之时更是如此。实际上，这些练习有时候是十分必要、巧妙的方法，可以改善我们的某些情绪（例如暴怒）。除非我们的正念练习已经非常扎实熟练，否则有时候某些情绪会过于强烈，以至于我们无法直接观察它们。正式的慈心练习可以缓和我们与痛苦的情绪之间的关系，使我们能够不被那些能量压垮。慈心练习也让这种情绪变得不太棘手，令人更容易接近。不过，正如前文提到的，通过一致、持续地练习，我们能够用正念本身来抱持

⊖　三摩地来源于梵语 samadhi 的音译，是佛教的修行方法之一，意为排除杂念，使心神平静。——译者注

任何情绪（哪怕是痛苦的或是"有毒的"情绪）。并且，在这份敞开、不自动反应、不评判的觉知之怀抱中，我们真的能够看到并了解自己的情绪，并直接看到愤怒、悲伤以及任何其他情绪的本质，在这份"看到"、怀抱和了解之中，情绪会减弱、消散（就像触摸肥皂泡或者在水上书写那样）。这样的时刻里所浮现的那些并不比慈心练习中的少，它们从长时间的静默中自然地升起，不需要我们刻意邀请，因为它们一直都在。

在教授或练习正式的慈心冥想时，我有时会使用一些意象，强调"慈心"的直接感觉，而不仅仅依赖与其相关的传统语句。下面是一个有引导的慈心冥想练习，你可以在愿意时来尝试它，包括当下这一刻。

不管是坐着、躺着还是站着，在你准备好的时候，把觉知带到呼吸以及在呼吸着的整个身体。花点时间在这里休憩，乘着呼吸的波浪，建立一个相对稳定的觉知"平台"。

当你舒适地在自然的"呼吸之流"中休憩时，尝试在脑海中描绘出生命里那些会完全地无条件爱你的人。回想他们给予你的那种爱和友善的感觉及整个氛围。与这些感觉一同呼吸，沐浴其中，感受他们对你本来样子的全然接纳和抱持，休憩于此。留意你本来就是被爱、被接纳的，不需要改变自己，不必做什么来使自己"值得"他们的爱。事实上，你可能感觉不到自己特别"值得"别人的爱，但这是无关紧要的，事实是你被全然爱着（或爱过）。他们爱的是你本来的样子，是你此刻究竟是谁（你已经是谁或者你一直以来是谁）。这份爱真的是无条件的。

允许此刻你的整个存在本身都沐浴在这些感觉之中，被这些感觉、善意和慈心拥抱着，伴随着呼吸的韵律，被自己心脏有节奏的跳动震撼。全然接纳你是谁或曾经是谁。休憩于这种感觉中，你想要待多久就待多久，或者这种感觉持续多久你就待多久。

如果无法从记忆中找出这样的人（我们中的很多人都无法找到），那么你可以尝试"想象"有人以这样的方式来对待你。"想象"也是很有用的。

在你准备好的时候，看看自己是否能成为这些感觉的"源头"和接收者。换句话说，给予自己这些爱的感觉，就像它们本来就是属于你的。伴随着心脏有节奏的跳动，把这些对自己的爱、接纳和善意邀请到你心中，超越任何形式的评判，沉浸在慈心带来的这些感受中，就像在母亲的怀抱中，你既是母亲，也是孩子。尽你所能地在这里休憩，一刻接着一刻地、一个呼吸接着一个呼吸地沐浴在对你自己本来样子的善意和接纳之中。让这种感觉自然呈现、持续，不必强迫它们。哪怕只有一点点这种感觉，也可以帮助你应对内心深处那些消极的情绪和自我批评、自我厌恶的倾向。

下面的句子或许能够帮助你在"慈心"的怀抱中休憩，你可以将其作为自己内心的低语，或是风、空气、世界带来的耳语：

> 愿我安全、被保护，不受内在和外在的伤害；
> 愿我快乐、满足；
> 愿我拥有最大程度的健康、完整性；
> 愿我体验到幸福。

开始时，对自己说这些话甚至想到这些话我们可能都会觉得很不自然。毕竟，拥有这些愿望的"我"是谁？这个在接受这些的"我"又是谁？最终，这两个问题都会消失在这一刻安全、不受伤害的"感受"之中，消失在这一刻满足、快乐、完整的"感受"之中，消失在那种于幸福中休憩的"感受"之中。这种感觉是"慈心"的本质，帮助我们暂时远离自己在很多时候所忍受的疾病和"分裂"的感觉。

不过你可能会反对，认为如果这是一种无私的练习，那你为什么要专注于自己，专注于自身的安全感和幸福感呢？对于这个问题的一种回应是：因为你并没有与这使我们存在的宇宙分离，并且你与其他任何生命一样，都值得接受慈心祝福。如果你的慈心祝福对象不包含自己，那么这份祝福就不是爱意和善意的，对吗？同时，慈心祝福的对象并不局限于你自己，因为慈心祝福的范围是无限的。如果愿意，你可以把我刚刚提及的慈心练习仅仅视为弹奏乐器之前的调音（但它是很重要的）。给乐器调音本身就是充满爱、善意和智慧的伟大举动，而不仅仅是达到目的的一种手段。

练习继续……

当慈心祝福范围比较稳定（可能我们每次都感觉不同）并且我们在被抱持的感受中停留了一段时间后，就可以有意识地扩大心的范围，就像我们在正念练习中学到的扩大觉知的范围那样。可以尝试扩大慈心祝福的范围，邀请其他的生命（不管是个体还是群体）来到这个怀抱之中。有时候这并不容易，因此从一个能够令你自然升起慈心感受的人开始是有帮助的。

所以，在你准备好的时候，可以尝试在心里想一个你喜欢的人，在情感上你和这个人很亲近，你能够真诚地向他表达爱。你能否像慈心祝福自己那样来祝福他，通过这种方式把他抱持在你心中？无论这个人是你的孩子、父母、兄弟姐妹、祖母、其他近亲或远亲、亲密的朋友，还是你珍视的邻居，无论对象是一个人还是一个群体。在心中与他们一起呼吸，把他们抱持在你的心中，尽量在心中

想象他们的样子（并不需要特别生动就会有效果），祝福
他们：

> 愿他／他们安全、被保护，不受内在和外在的伤害；
>
> 愿他／他们快乐、满足；
>
> 愿他／他们拥有最大程度的健康、完整性；
>
> 愿他／他们体验到幸福。

当你默默地说这些祝福语或其他话时，可以一刻接一
刻地在慈心的感受中停留。一遍遍地默默重复这些句子，
更多地在这些句子背后的感受中停留，不是机械化地重
复，而是正念地、带着全然觉知地真正知道你在说什么，
感受每句话背后的感受、意图，以及它们给你的身心带来
怎样的体验。

然后，你就可以邀请那些自己不太了解的人（无论是
个体还是群体）来到你充满爱的心的空间，也可以是你一
点也不了解的人，或者只是你从别人那里听说过的人，例
如朋友的朋友，你与这些人的关系可能相对来说比较中
性。再一次，如果你愿意，可以在自己的心中拥抱他们，
并祝福他们：

> 愿他／他们安全、被保护，不受内在和外在的伤害；
>
> 愿他／他们快乐、满足；

愿他／他们拥有最大程度的健康、完整性；

愿他／他们体验到幸福。

然后，你可以扩大觉知的范围，使其包含一个或多个可能以某种方式给你带来挑战的人。可能你与他之间的关系曾经有些紧张，或者他以某种方式伤害过你。或者不管出于怎样的原因，你把对方看成对手或阻碍，而非朋友。这并不意味着你被要求去原谅那些对方做过的对你或他人造成伤害的事情。你只是意识到他们也是人，他们也有抱负，也因不安和疾病而经历痛苦，也渴望快乐和安全感。因此，看你的情况，在准备好的时候或者对这样的尝试保持开放的时候，可以小心翼翼地开始，尝试谨慎地向他们默默送出你的慈心祝福，同时仍然知道并尊重你们之间的所有困难和问题。

愿他／他们安全、被保护，不受内在和外在的伤害；

愿他／他们快乐、满足；

愿他／他们拥有最大程度的健康、完整性；

愿他／他们体验到幸福。

在这里暂停片刻，你就可以看到前行的方向。就像培育正念那样，我们的注意力可以放在一个主要的对象上，也可以扩展到多个对象上，慈心练习也是如此，我们可以在不同层级的练习中停留数天、数周、数月甚至数年。最终，这些层级都是彼此互相包含的，你自己的心在变得更柔软、更有包容性。如果你希望培育慈心，而你在某次特定的静坐中或者在许多次静坐中都只是慈心祝福自己，这完全可以。同样地，如果你只愿意将慈心祝福送给那些你爱的或者认识的人，甚至一遍遍只是送给同一个人，那也是很好的。

你爱的能力是无限的（这是爱的本质，它是无限的），无论你是否知道这一点。随着时间流逝，你可能会发现自己自然地倾向于将慈心祝福的范围向四面八方扩大，以囊括更多的生命，甚至包括昆虫、鸟儿、老鼠、蛇或蟾蜍。

你也许会发现，有时它们会悄悄地不请自来，这是很有趣的。如果你没有有意地邀请它们，它们是如何出现的呢？它们怎么进来的呢？嗯，或许你的心比自己认为的要更大、更有智慧。

心与爱是宽广无垠的，我们可以继续扩大慈心祝福的范围，使之囊括邻里、社区、各州、国家以及整个世界，也可以使之囊括自己的宠物、其他所有动物、所有植物、所有的生命、整个生物圈以及一切有情生命。也可以非常具体，在慈心祝福的范围中囊括我们并不直接认识的某些人，甚至包括政治家。我们可能对某些政治家有很多批判甚至怀疑他们基本的人性，所以难以把他们囊括在慈心祝福的范围之内。不过生而为人，他们也值得被慈心祝福，也许他们会因此以我们想象不到的方式变得更加温和。或许，这同样适用于你。

如果你愿意，还可以把那些没有你幸运的人包括在慈心范围内，比如那些在工作或家庭中被剥削的人，那些贫穷、种族主义、"他者化"（被排斥）的受害者，那些因种族清洗而沦为难民的人，那些被不公正地囚禁的人，那些遭受过创伤、残酷对待或任何形式的暴力的人。也可以使慈心范围囊括所有生病、目前在住院的人或垂死之人，所有陷入混乱、恐惧的人，或所有正以任何方式遭受痛苦的人。无论什么原因使他们陷入这般生活境地，他们都像我们一样，渴望快乐和满足，渴望完整、健康、安全以及不受伤害。这样，我们可能会意识到我们人类和其他所有生命是如此紧密地团结在对于快乐及不受苦的渴望之中，因此让我们祝福他们：

愿所有生命安全、被保护，不受内在和外在的伤害；
愿所有生命快乐、满足；
愿所有生命拥有最大程度的健康、完整性；
愿所有生命体验到幸福。

而我们不必止步于此。为什么不把整个地球都囊括在慈心的范围之中？为什么不拥抱地球——我们的家园呢？

地球是一个有机体，从某种意义上来说它是一个"身体"。而我们有意或无意的行为可能会使这个"身体"失去平衡，并威胁地球所养育的所有生命（比如动物、植物）以及矿物质等。

我们可以继续扩大爱意之心及慈心的范围，使之囊括整个宇宙。在这个宇宙中，太阳仅仅是一个原子，而我们，连一个夸克⊖都不是。

愿我们的星球和整个宇宙安全、被保护，不受内在和外在的伤害；

愿我们的星球和整个宇宙快乐、满足；

愿我们的星球和整个宇宙拥有最大程度的健康、完整性；

愿我们的星球和整个宇宙都体验到幸福。

希望这个星球和整个宇宙幸福，这看起来似乎有些愚蠢，甚至有些万物有灵的味道。但为什么不呢？最终，无论我们谈论的是自己觉得相处有困难的人还是整个宇宙，最重要的是让我们的心更崇尚包容而非分离。最终，这一份想要"延展"我们自身（无论从字面意义还是比喻义来

⊖ 夸克（quark）是一种参与强相互作用的基本粒子，也是构成物质的基本单元，比原子还要小很多，这里指人类在浩瀚的宇宙中显得无比渺小。——译者注

说）、扩大我们心的空间的意愿是很重要的，不管这份意愿对他人、这个星球或宇宙会有什么影响，它一定会深深影响我们自己的生命，帮助我们以充满智慧、慈悲、平静的方式切切实实地活在世界上，这种方式彰显了"活着"的喜悦以及在任何时候把我们自身从无意识的条件反射的习惯与这种无意识的条件反射所产生的痛苦中解放出来的无限喜悦。

以这种方式进行慈心冥想，我们可以真正认出自己内心最本质的自由、包容性，以及我们的人性，并非在某个神奇的未来，而是在此刻，我们可以与事物当下的样子在一起。由于心的那份随时的、越来越持续的敞开，以及我们想要放下任何怨恨及恶意的那份意愿，我们生命中所有的"关系"和整个世界都会发生微小但重要的转化。哪怕只有一个人在送出慈心祝福，这个世界也会得到净化。

我们从地球、人类持续的生命之流以及宇宙[⊖]中诞生，受益于慈心练习那慷慨的姿态，（哪怕只有一刻）不愿再心怀怨恨及恶意。通过真正认出、信任我们心最深层的本质以及慈心练习，我们都以某种方式得到了祝福、净化，并变得更加完整。无论以正式练习还是非正式练习的

　　⊖　别忘了，我们身体的每个原子都是由超新星爆炸锻造而成的。大约在137亿年前的宇宙大爆炸之后，在条件允许时就形成了氢（译者按：氢元素是组成人体的重要元素之一）。

方式，如果选择练习慈心冥想并切切实实地践行慈心的品质，那么我们都是第一受益者（哪怕只有一点点益处），但绝不是唯一的受益者。

*

在懂得什么是真正的友善之前，

你必须有所失去，

感受未来在一瞬间消逝，

仿佛盐融化在清汤之中。

所有你握在手心的、小心翼翼保管的一切，

都终将离去。

让你了解，

友善与友善之间的地带，

风景竟然如此萧索。

你一直在公交车上，

以为车永远不会停下来，

而乘客们会一直

吃着粟米和鸡肉、凝望窗外。

在你明白友善是内心最深刻的东西之前，

必须旅行至某处，

那里披着白色斗篷的印第安人在路边死去。

你必须明白那个人也可能会是你。

他同样是个带着计划彻夜赶路，

并依赖一口呼吸而生存的人。

在你领悟到友善是内心最深刻的东西之前，

必须明白，悲伤是另一样最深刻的东西。

你必须带着悲伤醒来。

必须与它对话，

直到你的声音抓住所有悲伤的丝线，

然后才可以看见这一块布的全貌。

然后，只有友善才是一切的意义。

只有友善为你绑好鞋带，

并且送你至生活之中，寄信、买面包。

只有友善会抬起头，

在芸芸众生之中说，

我就是你一直在寻觅的，

无论你去往哪里，

我都将紧紧相随，

如影，亦如友。

——娜奥美·谢哈布·奈，《友善》

第二十二章

我做得对吗

　　尝试新事物的过程通常会按照某个学习曲线来发展，因此，询问这个问题（我做得对吗）是非常自然的。当然，我们会想要检查自己的练习做得是否正确，无论做的是什么练习，都想要知道这趟旅程中有哪些信号或标志，能够说明我们是在进步、在去向某个自己渴望去的地方（在那里我们变得更有爱、友善、平和、正念，心变得更加饱满），而不是在后退或者在想法之马尾藻海[⊖]上无休止地循环。当然，我们也想要在一路上反复确认自己所感受到的是"应当"感受到的，练习中身心发生

　　　　⊖　马尾藻海位于北大西洋环流中心的美国东部海区，其海上大量漂浮的植物主要是由马尾藻组成，此处用来比喻想法之多。——译者注

的一切是"应当"发生的、"正常"的，我们并不是在无能地向着错误的方向前进，并没有在一路上不知不觉地养成一些坏习惯。

如果以一种工具性的方式看待冥想（见《正念地活》），将其作为我们正在提高的技能，那么自然想要知道自己做得是否正确。确实，这一路上有些标志，例如我们更加专注、平静，能够静坐更长时间，更安适地待在自己身体中，无论面对什么事情都有更深的领悟、更强的平衡心，能够更好地面对觉知范围里的一切，以一种幽默的方式看到我们对待一切是多么严肃（尤其是在我们对自己的认同和对其他人事物的依恋方面）。我们甚至可能会发现，在别人运气好的时候，我们自然就能体验到善意、慈悲和喜悦。

同时，你也可能会发现自己拥有渴望和热情去做更多练习，更愿意清晰、慈悲地看到你习惯性地不愿看到之处，或许更加能够觉察到你内心的状态如何影响他人和你自己。你可能会发现自己越来越感激这个感官世界的魅力，自然地更加能够活出正念，更加能够感受到自己的皮肤、身体以及那种把身体作为一个整体在呼吸的感觉。

如果你持续练习，并将正念的培育作为终身的挑战和承诺，那么无论你是否喜欢、是否想要，你都可能会认出前文提到的所有那些标志以及许多其他标志。如果你有一位好老师，那么会很有帮助，你可以得到关于自己"做得正确与否"的反馈以及对于自己的体验的认可，或者得到一些建议来回应在练习正念、活出正念过程中必然升起的种种体验。

"我做得对吗"这个问题可能让你觉得忧虑、怀疑或困惑。关于这个问题除了前文讨论的那些，我还有一个答案。而这个答案来自冥想练习那非工具性的本质，即冥想并不是让人们去到哪里，你只需要存在于已经所在的地方，并"了知"这一点就可以。从这个观点来看，无论你的体验是什么，无论体验是愉悦的、不愉悦的还是中性的，如果你是在觉知中休憩，那么你做的就是对的。如果感到无聊或恐慌且对此有所觉察，那么你做的就是对的。如果感到困惑或抑郁，而你"了知"这一点，那么你做的就是对的。如果一直有各种想法或者确实陷入了不安及思维洪流之中，而当下你对这一点有所觉察，哪怕只有一瞬间你能够成为"了知"本身（即知道这一点）而不被那份焦虑不安带走，那么你做的就是对的。

事实上，如果你对自己友善并且不过分强求自己，对所发生之事有所觉察、全然信任并休憩于觉知本身，而非持久地陷入这件事情引起的骚动、不安、执着、欲望和排斥之中，那么一切都可以成为练习的一部分。

当然，如果我们失去觉知，陷入不健康的、笨拙的行为模式之中，或陷入自己对于恐惧、不适或任何难受的内在状态（如果我们认为这些就是自己，而对这本身毫无觉知）的自动反应之中，那么，在任何时刻都可能会增加苦（dukkha）和妄想。当觉知变得模糊、被乌云遮蔽时，我们就可能"失联"，甚至失去自己的心，忘记在自身的完整性中我们究竟是谁，给自己的幸福制造阻碍，甚至有时以最极端的方式伤害他人。然而，即使在这些情况下，我们依然可以保持觉知，永远都可以保持觉知，没有哪个时刻不适合做正念练习！不过，我们可以慢慢学习，来认出心中或行动中那些可能的破坏性和伤害性，然后于此刻在觉知中全然拥抱它们（但不跟随它们），坚定地让此刻成为一个新的开始，这是更有智慧的做法。这会帮助我们来阻止自己做出那些具有伤害性和破坏性的行为，清楚地记得"我们究竟是谁"。

　　你的觉知是一个很大的空间，你可以栖居于此。它永远是你的同盟、朋友和避难所。它一直都在，只是有时被蒙了一层纱。同时，它也是微妙的。在培养与觉知的"亲密感"时，你需要多次造访觉知的王国。然后，生活中所发生的一切都可以成为"功课"，无论它们多么令你讨厌或者不愉快。如果你能够用觉知来拥抱自己的怀疑、不快乐、困惑、焦虑、痛苦，这些状态就不再是"你的"了。你只是把它们看作身心中的"天气模式"而已。而真正的

"你"的维度，已经"知道"你在怀疑、不悦、困惑、焦虑、痛苦、憎恨，有时甚至有些残忍，而真正的"你"不是它们。并且，你已经很好，已经完整。本质上，这永远都是你本来的样子。所以，如果你在此刻记得"不评判的觉知"是一个可选项，并学着信任它，如果你学着栖居于觉知的广袤空间或至少时时造访它，那么，你就是在"正确地做"冥想练习。不过，实际上从来就不需要特意"做"冥想练习，也没有"做"冥想练习的人。正念并不需要我们"做"什么，向来如此，我们只需要"存在"即可，并且觉醒、成为"了知"本身，包括对"不知"的了知。它们会有所不同吗？

让我们坐下来讨论一下吧。

第二十三章

练习的常见阻碍

　　正式冥想练习最常见的阻碍是"不想做"。可能有些人会觉得冥想练习是个好主意，但当你有冲动（比如一些想法或者感觉）去静坐或者做其他正式练习（比如身体扫描或者正念瑜伽等）时，其他的想法和感觉也会马上涌入，例如，"不是现在""谁有时间呢""我宁愿阅读或去跟其他人联系""该吃饭了"或"我现在工作量太大""我以后会做"或"我明天会开始""我只需要正念地做我正在做的事情就好了"。大脑总是在产生想法，这些想法可能在瞬间制止或改变我们最初的冲动。

　　因此我们需要意图和动机。毕竟，冥想是一种训练，无论我们是否喜欢，不管思维之流是否在让我们偏离自己的根本目的，只要我们将冥想当作一种"训练"并真正练习静坐就会受益。因此，如果你希望通过正式练习在生活中培育和深化正念，尤其如果你是新手或者没有建立起规律练习的习惯的话，又或者多年以来你的练习习惯已经被打破，都不用担心，因为养成（或重建）规律练习的习惯是相对比较容易的。一种有力的方式是承诺比平时更早起床，在被其他活动和承诺淹没之前，给自己一段神圣的时间。想象一段完全属于你的时间，不需要做任何事情，只是在那个时刻休憩，与你自己好好地待在一起，无论生活里在发生什么，无论我们的身心在体验什么，都可以休憩于此。

当然，冥想练习的阻碍并不会让人们难以开始。一旦你来到垫子上（这种表述方式指我们提到的所有正式冥想练习），依然会有很多原因让你偏离自己的意图——与练习中身心发生的一切保持临在的意图。

首先，身体可能会扭动，你可能有烦躁的感觉或者似乎无法忍受的不适，可能被刺痛感、痒或者想要移动、扭动的强烈冲动困扰。这些都没有任何问题，它们都是练习中的阶段性体验而已。通过练习，当你真正看到并理解这些只是感觉而已时，就可以轻轻地、温柔地把这些冲动及其背后的感觉拥抱在觉知之中，就像我们拥抱身体任何其他冲动和感觉那样，尤其是在这些感觉没有被思维强化时，即不去持续评判那些感觉，不与它们战斗，不尝试改变它们或屈服于它们，不对自己说一些话，例如，"你知道自己不适合冥想"或"这证实了冥想是一种酷刑，冥想就是针对那些在生活中还没受够苦的人的一个施虐产业"。这些话是毫无道理的，它们仅仅是由身体上的"噪声"而产生的精神噪声。

在这些表面的思维波浪的更深处有一份止静，一旦我们安住于此，并熟悉自己整个存在本身的内在 / 外在之景（包括身体之景、心之景、当下之景、气之景、感官之景），这些练习的阻碍往往就会逐渐"平息下来"，会在很大程度上变小。一段时间后，当它们依然不时出现时，可以把它们看作各种内在状态和身体状态，看作觉知领域中来来去去的"天气模式"。总有各种看似有说服力的借口让我们不活在当下。但是，哪怕只有一小会儿，只要我们在觉知中停留，并且允许自己成为了知本身，很快就会发现，那些感觉就像体验领域中的所有其他身心现象一样，并不持久。

在进行正念练习的初期，如果阻力特别大，可以先从正念瑜伽开始，然后逐步进行静态练习（不管是坐姿、卧姿还是站姿冥想练习）。我喜欢在进行静坐、身体扫描或其他卧姿练习之前先做瑜伽。

在静坐很长时间后，我们会看到心和身体一样可以

"蠕动"（甚至比身体动得更多）。你可能很容易就开始焦躁、不耐烦，不耐烦、焦躁，循环往复。你能想象得到这个画面。这也不是问题，这仅仅是心念的习惯，与其他五种经典的"阻碍"一样都存在于佛陀的教义之中。未经训练之心确实有些普遍特点，比如容易厌恶、存有恶意、躁动、忧虑、后悔、怀疑，比较贪婪、懒惰、麻木（真是精彩的形容词）。我们可以看到这一切出现、徘徊和消失（如同对待呼吸及觉知范围内我们选择的任何其他对象那般），知道这是心念本来的样子，它们只是客观的内在状态而已，最后都会消失。当然，如果我们与它们奋力对抗或很希望它们消失，其实就是在"喂养"它们从而使其更强大，那样它们反而不会消失。实际上，将这些"蠕动"本身作为非常重要的关注对象是很有帮助的。我们甚至可以与自己的不耐烦、焦躁做朋友。这种和负面情绪之间的"熟悉"与"亲密"本身就是冥想练习，我们不必"消除"任何一种内在状态就能够获得平静。纯然的觉知超越并独立于任何"条件"本身，因此它是自由的。我们永远都可以保持觉知，你可能还记得这一点。

　　正如我们在卧姿冥想中看到的那样，犯困看起来也是练习的阻碍。但如果你对冥想是认真的，那么犯困就不是一个大问题。如果睡眠特别不足，你可以尝试在进行或深化你的冥想练习之前多补充一些睡眠。睡眠不足的大脑容易变得有些疯狂，容易迷失。最好的解决办法就是多睡觉。但是，如果只是在坐下来练习的时候才犯困，那么可以选择任何能支持你练习的方法，例如在静坐前往脸和脖子上泼冷水、冲个冷水澡、睁着眼睛静坐、站着做练习等。如果你真的想要在生命中"坠入"觉醒并通过觉醒"真正来到"自己的生命中，那么你总会找到好的方式来支持这份意图并实现它。如果我在深夜开车时昏昏欲睡，并且试过很多方法（例如很大的摇滚声、收音机的声音或新鲜空气）都不行，在那一刻也不能马上停车，那么我会用力打自己的脸，必要时不止一次。在这种情况下，实际上这种做法可能是一种充满智慧和慈悲的行为。正如我以前所说的，这根本上还是取决于你的意愿，你是否愿意像你的生命依赖于此那般地练习冥想，其实你的生命确实依赖于此。

　　实际练习中的另一个阻碍是将自己的练习理想化，给自己设立无法实现的目标，缺少自我关怀或幽默感，使练习成为一种意志行为，甚至是一种攻击行为。不要对自己太严肃，这是最重要的一点。请记住，正念练习是全然爱的行为，这意味着关怀和自我关怀是正念练习的根源。如果我们不能对自己和当下的体验（无论体验是什么）保持温柔和接纳的态度，总是想要其他的什么（比如更好的体验）来说服自己或他人，我们正在"取得进步"、我们正在成为"更好的人"，那么我们可能应该放弃冥想。那样的话我们肯定会让自己承受很大的压力和痛苦，而且也许会指责冥想"不起作用"。实际上，更确切的说法是在看到事情本来的样子时，我们不愿意与其在一起，也不愿意接纳自己本来的样子。请记住，真正的"功课"是每时每刻里发生的一切，你是否愿意与这一切保持一种充满智慧的关系，这的确是一个挑战。请记住，你不需要有任何"提升"，因为你本来的样子已然完整、完满、完美（涵容所有的"不完美"）。尽管"努力"甚至"强迫"有时会给人一种"进步"和"在练习中有所作为"的感觉，但如果没有自我接纳和自我关怀，回缩和强迫的方式就是不明智的，因为这会让我们难以获得平静。即使我们拥有了很强的专注力、稳定性以及清晰的心念，也可能难以拥有智慧，因为智慧不是我们刻意"获得"的东西，而是当条件合适时我们内在自然出现的一种观察与存在的方式。深入练习的土壤需要深刻的自我接纳和自我关怀作为肥料。因此，温柔不是一种奢侈，而是一种了解我们感受的关键要求。每一个时刻里我们都有机会意识到自己已经很好、已经完整。严谨和纪律都是很好的，甚至是必要的，而苛刻和过分强求最终只会导致我们麻木、缺乏觉知，变得更加支离破碎。

最终，练习的阻碍是无穷的。不过，无论是预期的还是出乎意料的，所有阻碍在被觉知拥抱时，都会变成我们的同盟。我们可以看到它们本来的样子，允许它们成为当下之景的一部分（不好也不坏），它们已经神奇地存在于此了。这样，这些阻碍就不会让我们难以兑现练习的承诺，反而会使承诺更加强大。

*

当你的眼睛疲惫时，世界也疲惫了。

当你的视野消失时，
在世界的任何一部分都无法找到你。

是时候进入黑夜，
在这里，黑夜有眼睛，
可以看到它自己。

在那里，你可以确定，
你并没有超越爱。

今夜，
黑暗是你的子宫。

夜晚会给予你地平线，
比你能看到的更远。

你必须学习到一件事情，

世界之所以被创造出来，

是为了让万物在其中自由。

除了你所属的世界之外，

放弃所有其他世界。

有时候，只有在黑暗和你孤独的甜蜜禁闭中，

你才能学会这些。

那些不让你全然活过来的

任何事或任何人，

于你而言，都太渺小了。

——大卫·怀特，《甜蜜的黑暗》

第二十四章

对你的正念练习的支持

说到底，对正念练习最重要的支持是我们的动机和练习的热情。外部的支持即使再大，也无法取代我们内心的那团火、那种对生活"平静的激情"，它真的非常重要，因为我们知道自己是多么容易迷失在无意识的自动导航及根深蒂固的习惯中。这就是为什么我敦促那些与我一起练习的人们，就像自己的生命依赖于此那般来练习。无论是否喜欢冥想练习，只有真的了解或觉得生命的确依赖于此，你才会拥有足够的精力去练习，才能真正地栖居于静坐时那无限的时间之中，并最大化地使用这时间（无论钟表上显示这时间有多长），而不必"做"任何事情。只有这样，你才会有足够的精力和动机：①比平常更早起床，这样

你就会有一段不被打扰的、只属于自己的时间，一段只是
"存在"的时间，时间之外的时间；②在一天中其他对你而
言更合适的时候，安排出一段神圣的时间进行练习；③在
忙碌的日子里进行练习；④将冥想练习真正融入生活之中，
安排固定的时间来进行正式练习（这是最重要的），并且，
每个时刻里无论你在做什么或面临什么状况，都将正念带
入当下。当你这样练习一段时间后，会感觉更像是练习在
"推动你"，而不是你在推动练习。一切都在随着时间自然
发展。练习所需要的努力越来越少，你也能够越来越简单
地去选择如何生活。因为我们深深地沉迷于那种时间紧迫、
不停被驱使的生活方式之中，沉迷于海量使我们分心的事
物和要求之中，所以投入练习（可以说是一种"彻底"的
行为）中的那份热情和激情是如此不同寻常。如果我们想
要维持、增强那份动力和承诺来使自己从无意识及其所带
来的苦难中解放，那么那份热情和激情是至关重要的。

　　有无数种方法可以支持我们对于觉醒的那份"平静的
激情"以及从习惯中解放出来获得自由的决心。我们可能
要觉察自己在多大程度上被掌控，以此开始，一刻接一刻
地，一步接一步地，通过觉察和"了知"，使自己摆脱掌
控。可以把每一刻都当作一个机会，来磨炼感官，提高敏
感度和能力去应对每一个时刻都可能存在的阻碍、挑战和
陷阱。这样，无论在路上遇到什么阻碍，我们都可以感受

到自己正本能地变得更加清晰、平静、不执着。

最重要的是，要记住没有唯一正确的练习方法。最终，你必须找到适合自己的练习方法，并让练习成为你的老师。实际上，生活本身成了你的老师和"功课"。如果你用心留意，那么会一次次看到，即使是在最平凡的时刻里，生活也是一位非凡的老师。而"教室"则是你整个内部世界和外部世界的景观：感官之景、心之景、当下之景以及在它们之中发生的一切——包括觉知可以抱持的一切空性、静默及完整性。在这个世界里，没有真正的练习阻碍，只有表面上看起来的"阻碍"。

没有什么可以取代你对待生命的那份热情和激情以及想要全然、充满感恩地活着的那份热情和激情。如果你是地球上唯一练习正念的人（尽管这无疑是个让人沮丧的想法），那也没有理由放弃。实际上，这会让你有更多理由去练习。

我发现对练习最强有力的支持之一，是了解数百万人都在为正念练习和过上真正觉醒的生活而努力着，在任何时刻地球上都有数百万人正在静坐。因此无论上午、中午、下午还是晚上，"你"在静坐时，都知道自己并不是一个人。你正在"登录"到一个无声的"当下"，这里没有界限、没有所谓的"中心"和"边缘"。你正在加入一个由志同道合的人组成的庞大社群，那些人和你一样拥有对于觉醒和自由的激情。同时，每天都有越来越多的人，在通过数千种过去不存在的平台进行练习。

正如《正念地活》一书提到的那样，这样的社群在佛学的术语中被称为"僧伽"（Sangha，指共修团体）。最初，"僧伽"指的是僧侣和尼姑们，他们放弃世俗生活来跟随佛陀的教导进行修习。这是该词一个非常重要的含义。而现在，该词具有更广泛的内涵，它包括努力以正念和"不伤害"的方式活着的每一个人。如果你有一点点练习冲动的话，那么无论知道与否，你其实都是这个共修团体的一部分。它不是某个你加入的组织，而是一个社群，你属于这个社群仅仅因为你的承诺、你那充满热忱和关爱的品质。这种社群联结本身就可以为人们的练习提供巨大的支持。

可以想象我们都是同一棵树上的叶子。每个人都有自己独特的位置以及在该位置所拥有的独特视野。每个人都是完整的，都在这棵树上，同时，整棵树依赖于我们每个人而生存。我们自身本来就是完整的，也是无边无际的更大整体中的一部分。

无论我们之前是如何练习的或者之后将怎么练习，我们本来就是这巨大整体的一部分，这本身并不由你我决定。正念既是一种正式练习，又是一种存在方式。我们可以去试验、探索正念可能会为我们带来什么，带着最大的正直和敬意，来对待苦难，对待我们的热忱、天赋以及正念带来的一切。从几千年前开始，一直有无数男女投身于佛法、智慧和慈悲之中，他们就像现在我们这些练习者一样（如果你还没有开始练习，可以选择以后成为练习者）。这正是叶芝所说的"无名导师"（参阅《正念地活》）。如同任何备受人们敬重的宗族里的后辈那样，我们总会在某个时刻里对那些前人们留下的遗产和礼物充满感恩。那些前人里有许多人通过不同的语言和文化留下了自己经历的记录，而更多人则没有。但是，这份遗产的总和，是一种机会，让我们可以受益于这些精神、"脚手架"般循序渐进的方法以及"空性"（简而言之，佛法），这些是前人留给我们的馈赠。这是物种对物种的馈赠，其生命力从未像现在这样旺盛，人类对它的需求也从未像现在这样迫切。这是爱的一部分，是人类自身的进化弧跨越时间所传递的一种智慧。

我们很幸运地活在一个非同寻常的时刻。如今，受人尊敬的冥想老师和学者的书籍、播客、视频都非常普及，我们确实有无数机会来向不同传统的优秀老师学习。并且随着时间推移，这种机会在变得越来越多。在本书的最后，我提供了一个相对简短的清单，列出了一些对我、我的学生和同事的生命产生最大影响的书籍和组织。各种形式的线上冥想也可以指导和促进我们的练习。

不过总而言之，你还是要让自己真正坐下来。虽然你可以通过阅读来受到鼓舞，通过面对面、播客、网页或视频的形式来接触优秀的老师，通过与他人一起静坐来获得支持（更多内容参见下文），但你仍需要亲自练习，用自己的身心、结合你现在的状况去练习。我们有可能"过量阅读"书籍，无论书籍多么真实、鼓舞人心并支持到你，都可能仅仅是在满足你对信息和思考的无限渴望。任何一本好的冥想书，你都可以通过一遍又一遍地阅读和研究它来受益，哪怕只有一两页或者一两章，只要认真思考并真诚地尝试将所读付诸实践就会极大受益，而这可能需要一生。

因此，数量不是问题，"丰富性"本身有时是淹没性的，并且可能让你迷失在无穷无尽的"做事"之中。最终，你必须规划自己的课程，找到自己的方式，并时不时带着正念去阅读，以检查并确认自己所遵循的道路（比如你找到的老师、一同练习的社群，如果你已经找到社群的话）是否"正确"，在直觉上看看这条道路是否有益于健康、是否适合你的情况、与你的愿景是否匹配。如果不合适，那么建议你寻找其他老师、其他资源，走上通往同一座山的另一条路。

正如关于我的禅宗老师崇山禅师（参阅《正念地活》和《正念之道》）以及正念减压的故事那样，找到其他志同道合的人与你一同学习、练习，并且和他们探讨你的练习，这是非常重要的。甚至一位修习佛法的好朋友都可以为你的练习提供巨大的支持。实际上，你们最终会支持彼此，并且仅仅通过讨论就能够帮助自己看清练习的不同方面。很多时候，你甚至不知道这在帮助你，但事实的确如此。

四五十年前，即使在大城市中我们也很难找到一个冥想共修团体。如今，线下的冥想共修团体无处不在，我们也可以在网络上找到共修团体。全美各地、世界各地都有内观（vipassana）团体和社群，有禅宗练习团体。此外，还有许多冥想中心，它们都在提供从几周到几个月等不同长度的静修营，那里的老师将毕生投身于"法"之中，用英文向来自全世界各地的人进行教授，那些教导是极好的。你如果愿意，就可以参加。现在，这一切都在你的"指尖"。

在遍布世界各地的医院、诊所和社区中，还有数百种正念减压项目和许多得到认证的老师。通常在很短的时间内，人们就能够在课堂上自发地产生共修团体和社群的感觉。对于那些刚刚开始练习正念的人，或者那些想看看这八周的感觉怎样而投身于课程的人，或者那些想要"调整"并深化练习而回到正念课程中的人来说，这种共修团体是一种巨大的支持。

然后是老师，了解不同的正念老师并认真倾听他们所讲的"法"是非常有价值的。你不仅可以从最好的、最真实的老师所讲的内容中获益，也可以通过观察他们的举止和状态（这也与他们在多大程度上允许真实的自己被看到有关）而受益。没有人是完美的，所以正念老师在自己的习性（不专心、贪婪、厌恶）出现时，会如何回应或不回应，这是非常能够揭示老师自身的情况的。我们练习正念时不需要假装自己是无可指责的、完美无缺的，或超越了普通的感受状态、已经到达某个境界，就此而言，正念练习不是不犯错误。它关乎真实、真诚、不执着于任何事物，并尽最大的努力，在我们有意或无意地造成伤害时去意识到并承认这一点，然后正直、诚实、温暖地去行动。

通过观察不同老师如何介绍"法"以及如何切切实实地在生活中将其活出来，你可以学到很多东西。每个人的做法都不一样，如何正念地、真诚地活出智慧，并没有"最好"的方法，也没有唯一正确的方法。在练习初期，你可能会模仿老师，这不是一件坏事。不过通过观察不同的老师，你会发现自己或许不需要模仿他们，因为他们的方式不一定完全适合你自己和你的道路。最终，如果他们是好老师，就不会鼓励学员去依赖他们。相反，即使你继续与这些老师或者其他老师一起学习，他们也会鼓励你找到自己的方式，通过不断的练习来形成自己的理解，并让生活本身成为老师。在垂死之时，佛陀对他的僧伽强调说："成为你自己的明灯。"

最终，你会发现，如果生活是真正的老师，那么生活中的每个人都可以成为你的老师，而每时每刻、每件事情都是一个练习的机会，让你得以超越表象和自己的某些倾向（比如自动反应、情绪上的收缩和封闭的倾向）来看待事情，尤其当事情看起来或者实际上没有按照"你想要的方式"来进行时更是如此。此外，你还需要克服有时认为自己是个大人物的倾向，或某些时刻努力成为大人物（或假装你就是个大人物）的尝试，克服自己对成为一个无名之辈的恐惧，克服自己将成为大人物作为成就目标的野心。

对你最有影响力的正念老师可能会是任何人，比如你的伴侣、孩子、父母、其他家庭成员、朋友、同事、完全的陌生人、给你开停车罚单的人、不喜欢你的人。当然，发生在你身上的所有事情也是对你颇有影响力的老师。回想一下我们在上一章提到过的，只要有合适的动机，就没有真正的练习阻碍，只有表面上看起来的"阻碍"。如果愿意通过唤醒感官来使自己觉醒，那么所有一切都会帮助你觉醒。但这需要勇敢的内心，需要看到执着于一切的愚蠢，同时，需要你正直地伫立于自己独特的存在之中。

　　说到底，生活本身永远是最重要的老师、"功课"与练习。我们可以从过去、现在、未来所有人给予的爱、智慧和洞见中受益良多，它们以不同的形式作为老师来到我们身边，是我们生命中真正的礼物。

　　因此，我们绕了一圈又回来了，回到了你对于觉知和自由的个人兴趣以及你的动机、渴望和意愿——无论发生什么，都愿意把当下的一切作为全然觉醒、全然活着的机会。这些机会是很好的起点，不过其受益者不仅仅是我们。它们实际上是相互交织的更大网络中的节点，我们在通过更智慧、慈悲的行为来展现出"生命"本身。这样，我们不是在将练习理想化，而是在通过一种合乎情理的方式来使世界上（你自己和他人的）的痛苦和伤害最小化，使幸福、友善与"明晰"最大化。

　　如果你以这种方式做出承诺，那么不仅上述所有资源都会成为你练习必不可少的支持，而且正如我们将在《正念疗愈的力量》一书中看到的那样，整个宇宙都会"转动"来与你的新观点和意图保持一致，不过，它在等待你采取行动。

　　正如歌德所说：

在一个人做出承诺之前，总会有犹豫、有退缩的机会，

这样自己总是无法获益。在所有主动的、创造性的行为方面，有一个基本真理，如果忽视这一真理，就会扼杀无数好点子和精彩的计划。这一真理就是：当一个人确定地做出承诺时，上帝也会为其所动。接着会发生各种各样的事情，而如果你没有做出承诺，那么这些可能永远不会发生。从这个决定开始，会发生一系列的事件，一些无法预见的巧合、"相遇"与物质支持都会来到这条路上。无论你可以做什么或梦想做什么，启程吧！勇气中拥有智慧、力量与魔法。

致　谢

　　说起来，包括本书在内的四本书的英文版已经出版了一段时间。承蒙众人厚爱，不少朋友在这本书的写作、出版等不同环节做出贡献，我希望能在此表达我对他们最由衷的感谢。

　　首先我要感谢我的师兄，剑桥内观冥想中心的 Larry Rosenberg，还有 Larry Horwitz，以及我的岳父 Howard Zinn。他们花一天时间读了我的手稿并非常热忱地提出了极具创造力的见地。当然，我还要感谢 Doug Tanner、Will Kabat-Zinn、Myla Kabat-Zinn 等人，他们从阅读的角度为我的手稿提出了许多睿智的建议和反馈。还有这本书的版权发行方 Bob Miller 和最开始的编辑 Will Schwalbe，他们现在都在 Flatiron Books 工作，感谢他们的支持和友谊，无论是那时还是现在。

把最衷心而特别的感谢、感激献给我这四本书的编辑，Hachette Books 的执行主编 Michelle Howry，还有 Lauren Hummel 和她的 Hachette 团队，你们对整个系列的高效协作都让我深感恩惠。和 Michelle 一起工作，让这趟旅程的每一步都充满了愉悦。你对书中每个细节的关注渗透在方方面面，万分感谢与你的合作，是你一如既往的专业度让这个项目能够持续处在正确的轨道上。

在完成这个系列书的过程中，我得到了如此多的支持、鼓励和建议，当然，此书中任何不正确以及不足之处全都是我的原因。

我希望可以向我的教学团队的同事们表达深深的感激和尊敬，他们过去及现在都在减压中心门诊和正念中心供职，还有最近作为 CFM 全球联盟机构网络的一部分的老师和研究者们，所有人都或多或少为创作这四本书投入了他们的精力及热情。不同时期（1979 ~ 2005 年）在减压门诊教授 MBSR 的老师有：Saki Santorelli，Melissa Blacker，Florence Meleo-Meyer，Elana Rosenbaum，Ferris Buck Urbanowski，Pamela Erdmann，Fernando de Torrijos，James Carmody，Danielle Levi Alvares，George Mumford，Diana Kamila，Peggy Roggenbuck-Gillespie，Debbie

Beck，Zayda Vallejo，Barbara Stone，Trudy Goodman，Meg Chang，Larry Rosenberg，Kasey Carmichael，Franz Moekel，已故的 Ulli Kesper-Grossman，Maddy Klein，Ann Soulet，Joseph Koppel，已故的 Karen Ryder，Anna Klegon，Larry Pelz，Adi Bemak，Paul Galvin 和 David Spound。

　　时间来到 2018 年，我非常感激、钦佩现在在正念中心联盟的伙伴们：Florence Meleo-Meyers，Lynn Koerbel，Elana Rosenbaum，Carolyn West，Bob Stahl，Meg Chang，Zayda Vallejo，Brenda Fingold，Dianne Horgan，Judson Brewer，Margaret Fletcher，Patti Holland，Rebecca Eldridge，Ted Meissner，Anne Twohig，Ana Arrabe，Beth Mulligan，Bonita Jones，Carola Garcia，Gustavo Diex，Beatriz Rodriguez，Melissa Tefft，Janet Solyntjes，Rob Smith，Jacob Piet，Claude Maskens，Charlotte Borch-Jacobsen，Christiane Wolf，Kate Mitcheom，Bob Linscott，Laurence Magro，Jim Colosi，Julie Nason，Lone Overby Fjorback，Dawn MacDonald，Leslie Smith Frank，Ruth Folchman，Colleen Camenisch，Robin Boudette，Eowyn Ahlstrom，Erin Woo，Franco Cuccio，Geneviève Hamelet，Gwenola Herbette 和 Ruth Whitall。Florence Meleo-Meyer 和 Lynn Koerbel，她们是出色的领导者并在 CFM 滋养着全球的 MBSR 老师们。

还要感谢那些从一开始就在不同方面精准而严格地为 MBSR 诊所和正念医学中心、护理中心以及社会其他各种不同形式的诊所倾尽全力的人们：Norma Rosiello、Kathy Brady、Brian Tucker、Anne Skillings、Tim Light、Jean Baril、Leslie Lynch、Carol Lewis、Leigh Emery、Rafaela Morales、Roberta Lewis、Jen Gigliotti、Sylvia Ciario、Betty Flodin、Diane Spinney、Carol Hester、Carol Mento、Olivia Hobletzell、已故的 Narina Hendry、Marlene Samuelson、Janet Parks、Michael Bratt、Marc Cohen 和 Ellen Wingard；还有在当下这个时代，在 Saki Santorelli 17 年的领导下发展起来的稳固平台。我还要将感谢献给平台现在的领导者们：Judson Brewer、Dianne Horgan、Florence Meleo-Meyer、Lynn Koerbel、Jean Baril、Jacqueline Clark、Tony Maciag、Ted Meissner、Jessica Novia、Maureen Titus、Beverly Walton、Ashley Gladden、Lynne Littizzio、Nicole Rocijewicz、Jean Welker。还要向 Judson Brewer 深深鞠躬，2017 年他创设了马萨诸塞大学医学院正念部门——全球医学院中第一个正念部门，这是一个时代的标志，也是对未来之事的承诺。

这里我还要感谢 2018 年 CFM 的各位研究者们，是你们广泛的兴趣且富有深度的工作成就了这份贡献：Judson Brewer、Remko van Lutterveld、Prasanta Pal、Michael

Datko，Andrea Ruf，Susan Druker，Ariel Beccia，Alexandra Roy，Hanif Benoit，Danny Theisen 和 Carolyn Neal。

最后，我还要向全球各地数以千计的正念研究者们（或从事与正念相关工作的人们）表达我的感激和尊敬，他们分别来自医药学、精神病学、心理学、健康护理学、教育学、法学、社会正义、面对创伤和部族冲突的难民的疗愈、分娩和养育、企业、政府、监狱及其他社会机构。你知道我说的是谁，不管你的名字有没有在这里被提到。如果没有你的名字，那只是因为我记性不够好和书的内容有限。另外，特别感谢 Paula Andrea、Ramirez Diazgranados 在哥伦比亚和苏丹的工作；童慧琦在中国和美国的工作，还有来自中国香港和台湾地区的方玮联、陈德中、温宗堃、马淑华、胡君梅、石世明；韩国的 Heyoung Ahn；日本的 Junko Bickel 和 Teruro Shiina；芬兰的 Leena Pennenen；南非的 Simon Whitesman 和 Linda Kantor；比利时的 Claude Maskens，Gwénola Herbette，Edel Max，Caroline Lesire 和 Ilios Kotsou；法国的 Jean-Gérard Bloch，Geneviève Hamelet，Marie-Ange Pratili 和 Charlotte Borch-Jacobsen；美国的 Katherine Bonus，Trish Magyari，Erica Sibinga，David Kearney，Kurt Hoelting，Carolyn McManus，Mike Brumage，Maureen Strafford，Amy Gross，Rhonda Magee，George Mumford，Carl Fulwiler，Maria Kluge，Mick Krasner，Trish Luck，Bernice Todres，

Ron Epstein；德国的 Paul Grossman，Maria Kluge，Sylvia Wiesman-Fiscalini，Linda Hehrhaupt 和 Petra Meibert；荷兰的 Joke Hellemans，Johan Tinge 和 Anna Speckens；瑞士的 Beatrice Heller 和 Regula Saner；英国的 Rebecca Crane，Willem Kuyken，John Teasdale，Mark Williams，Chris Cullen，Richard Burnett，Jamie Bristow，Trish Bartley，Stewart Mercer，Chris Ruane，Richard Layard，Guiaume Hung 和 Ahn Nguyen；加拿大的 Zindel Segal 和 Norm Farb；匈牙利的 Gabor Fasekas；阿根廷的 Macchi dela Vega；瑞典的 Johan Bergstad，Anita Olsson，Angeli Holmstedt，Ola Schenström 和 Camilla Sköld；挪威的 Andries Kroese；丹麦的 Jakob Piet 和 Lone Overby Fjorback；意大利的 Franco Cuccio。希望你们的工作会继续帮助到那些最需要正念的人，去触碰、澄清和滋养我们所有人所拥有的最深刻、最美好的那一部分，并为人类长久渴望的疗愈和转化做出或多或少的贡献。

相关阅读

正念冥想

Analayo, B. *Early Buddhist Meditation Studies*, Barre Center for Buddhist Studies, Barre, MA, 2017.

Analayo, B. *Mindfully Facing Disease and Death: Compassionate Advice from Early Buddhist Texts*, Windhorse, Cambridge, UK, 2016.

Analayo, B. *Satipatthana: The Direct Path to Realization*, Windhorse, Cambridge, UK, 2008.

Armstrong, G. *Emptiness: A Practical Guide for Meditators I,* Wisdom, Somerville, MA, 2017.

Beck, C. *Nothing Special: Living Zen*, HarperCollins, San Francisco, 1993.

Buswell, R. B., Jr. *Tracing Back the Radiance: Chinul's Korean Way of Zen*, Kuroda Institute, U of Hawaii Press, Honolulu, 1991.

Goldstein, J. *Mindfulness: A Practical Guide to Awakening*, Sounds True, Boulder, CO, 2013.

Goldstein, J. *One Dharma: The Emerging Western Buddhism*, HarperCollins, San Francisco, 2002.

Goldstein, J. and Kornfield, J. *Seeking the Heart of Wisdom: The Path of Insight Meditation*, Shambhala, Boston, 1987.

Gunaratana, H. *Mindfulness in Plain English*, Wisdom, Boston, 1996.

Hanh, T. N. *The Heart of the Buddha's Teachings*, Broadway, New York, 1998.

Hanh, T. N. *How to Love*, Parallax Press, Berkeley, 2015

Hanh, T. N. *How to Sit*, Parallax Press, Berkeley, 2014.

Hanh, T. N. *The Miracle of Mindfulness*, Beacon, Boston, 1976.

Kapleau, P. *The Three Pillars of Zen: Teaching, Practice, and Enlightenment*, Random House, New York, 1965, 2000.

Krishnamurti, J. *This Light in Oneself: True Meditation*, Shambhala, Boston, 1999.

Levine, S. *A Gradual Awakening*, Anchor/Doubleday, Garden City, NY, 1979.

Ricard, R. *Happiness*. Little Brown, New York, 2007.

Ricard, R. *Why Meditate?*, Hay House, New York, 2010.

Rinpoche, M. *The Joy of Wisdom*, Harmony Books, New York, 2010.

Rosenberg, L. *Breath by Breath: The Liberating Practice of Insight Meditation*, Shambhala, Boston, 1998.

Rosenberg, L. *Living in the Light of Death: On the Art of Being Truly Alive*, Shambhala, Boston, 2000.

Rosenberg, L. *Three Steps to Awakening: A Practice for Bringing Mindfulness to Life*, Shambhala, Boston, 2013.

Salzberg, S. *Lovingkindness*, Shambhala, Boston, 1995.

Salzberg, S. *Real Love: The Art of Mindful Connection*, Flatiron Books, New York, 2017.

Sheng-Yen, C. *Hoofprints of the Ox: Principles of the Chan Buddhist Path*, Oxford University Press, New York, 2001.

Soeng, M. *The Heart of the Universe: Exploring the Heart Sutra*. Wisdom, Somerville, MA, 2010.

Sumedo, A. *The Mind and the Way: Buddhist Reflections on Life*, Wisdom, Boston, 1995.

Suzuki, S. *Zen Mind, Beginner's Mind*, Weatherhill, New York, 1970.

Thera, N. *The Heart of Buddhist Meditation: The Buddha's Way of Mindfulness*, Red Wheel/Weiser, San Francisco, 1962, 2014.

Treleaven, D. *Trauma-Sensitive Mindfulness: Practices for Safe and Transformative Healing*, W.W. Norton, New York, 2018.

Tulku Urgyen. *Rainbow Painting*, Rangjung Yeshe: Boudhanath, Nepal, 1995.

MBSR

Brandsma, R. *The Mindfulness Teaching Guide: Essential Skills and Competencies for Teaching Mindfulness-Based Interventions*, New Harbinger, Oakland, CA, 2017.

Kabat-Zinn, J. *Full Catastrophe Living: Using the Wisdom of Your Body and Mind to Face Stress, Pain, and Illness*, revised and updated edition, Random House, New York, 2013.

Lehrhaupt, L. and Meibert, P. *Mindfulness-Based Stress Reduction: The MBSR Program for Enhancing Health and Vitality*, New World Library, Novato, CA, 2017.

Mulligan, B. A. *The Dharma of Modern Mindfulness: Discovering the Buddhist Teachings at the Heart of Mindfulness-Based Stress Reduction*, New Harbinger, Oakland, CA, 2017.

Rosenbaum, E. *The Heart of Mindfulness-Based Stress Reduction: An MBSR Guide for Clinicians and Clients*, Pesi Publishing, Eau Claire, WI, 2017.

Santorelli, S. *Heal Thy Self: Lessons on Mindfulness in Medicine*, Bell Tower, New York, 1999.

Stahl, B. and Goldstein, E. *A Mindfulness-Based Stress Reduction Workbook*, New Harbinger, Oakland, CA, 2010.

Stahl, B., Meleo-Meyer, F., and Koerbel, L. *A Mindfulness-Based Stress Reduction Workbook for Anxiety*, New Harbinger, Oakland, CA, 2014.

正念的其他应用

Bardacke, N. *Mindful Birthing: Training the Mind, Body, and Heart for Childbirth and Beyond*, HarperCollins, New York, 2012.

Bartley, T. *Mindfulness: A Kindly Approach to Cancer*, Wiley-Blackwell, West Sussex, UK, 2016.

Bartley, T. *Mindfulness-Based Cognitive Therapy for Cancer*, Wiley-Blackwell, West Sussex, UK, 2012.

Bays, J. C. *Mindful Eating: A Guide to Rediscovering a Healthy and Joyful Relationship with Food*, Shambhala, Boston, 2009, 2017.

Bays, J. C. *Mindfulness on the Go: Simple Meditation Practices You Can Do Anywhere*, Shambhala, Boston, 2014.

Biegel, G. *The Stress-Reduction Workbook for Teens: Mindfulness Skills to Help You Deal with Stress*, New Harbinger, Oakland, CA, 2017.

Brantley, J. *Calming Your Anxious Mind: How Mindfulness and Compassion Can Free You from Anxiety, Fear, and Panic*, New Harbinger, Oakland, CA, 2003.

Brewer, Judson. *The Craving Mind: From Cigarettes to Smartphones to Love— Why We Get Hooked and How We Can Break Bad Habits*, Yale University Press, New Haven, 2017

Brown, K. W., Creswell, J. D., and Ryan, R. M. (eds). *Handbook of Mindfulness: Theory, Research, and Practice*, Guilford, New York, 2015.

Carlson, L. and Speca, M. *Mindfulness-Based Cancer Recovery: A Step-by-Step MBSR Approach to Help You Cope with Treatment and Reclaim Your Life*, New Harbinger, Oakland, CA, 2010.

Cullen, M. and Pons, G. B. *The Mindfulness-Based Emotional Balance Workbook: An Eight-Week Program for Improved Emotion Regulation and Resilience*, New Harbinger, Oakland, CA, 2015.

Epstein, M. *Thoughts Without a Thinker*, Basic Books, New York, 1995.

Epstein, R. *Attending: Medicine, Mindfulness, and Humanity*, Scribner, New York, 2017.

Germer, C. *The Mindful Path to Self-Compassion*, Guilford, New York, 2009.

Goleman, D. *Destructive Emotions: How We Can Heal Them*, Bantam, NY, 2003.

Goleman, G, and Davidson, R. J. *Altered Traits: Science Reveals How Meditation Changes Your Mind, Brain, and Body*, Avery/Random House, New York, 2017.

Gunaratana, B. H. *Mindfulness in Plain English*, Wisdom, Somerville, MA, 2002.

Harris, N. B. *The Deepest Well: Healing the Long-term Effects of Childhood Adversity*, Houghton Mifflin Harcourt, Boston, 2018.

Jennings, P. *Mindfulness for Teachers: Simple Skills for Peace and Productivity in the Classroom*, W.W. Norton, New York, 2015.

Jones, A. *Beyond Vision: Going Blind, Inner Seeing, and the Nature of the Self*, McGill-Queen's University Press, Montreal, 2018.

Kaiser-Greenland, S. *Mindful Games: Sharing Mindfulness and Games with Children, Teen, and Families*, Shambhala, Boulder, CO, 2016.

Kaiser-Greenland, S. *The Mindful Child*, Free Press, New York, 2010.

Kaufman, K. A., Glass, C. R., and Pineau, T. R. *Mindful Sport Performance Enhancement: Mental Training for Athletes and Coaches*, American Psychological Association (APA), Washington, DC, 2018.

McCown, D., Reibel, D., and Micozzi, M. S. (eds.). *Resources for Teaching Mindfulness: An International Handbook*, Springer, New York, 2016.

McCown, D., Reibel, D., and Micozzi, M. S. (eds.). *Teaching Mindfulness: A Practical Guide for Clinicians and Educators*, Springer, New York, 2010.

McManus, C.A. *Group Wellness Programs for Chronic Pain and Disease Management*, Butterworth-Heinemann, St. Louis, MO, 2003.

Mumford, G. *The Mindful Athlete: Secrets to Pure Performance*, Parallax Press, Berkeley, 2015.

Penman, D. *The Art of Breathing*, Conari, Newburyport, MA, 2018.

Rechtschaffen, D. *The Mindful Education Workbook: Lessons for Teaching Mindfulness to Students*, W.W. Norton, New York, 2016.

Rechtschaffen, D. *The Way of Mindful Education: Cultivating Wellbeing in Teachers and Students*, W.W. Norton, New York, 2014.

Rosenbaum, E. *Being Well (Even When You Are Sick): Mindfulness Practices for People with Cancer and Other Serious Illnesses*, Shambala, Boston, 2012.

Rosenbaum, E. *Here for Now: Living Well with Cancer Through Mindfulness*, Satya House, Hardwick, MA, 2005.

Segal, Z. V., Williams, J. M. G., and Teasdale, J. D. *Mindfulness-Based Cognitive Therapy for Depression: A New Approach to Preventing Relapse*, second edition, Guilford, New York, 2013.

Teasdale, J. D., Williams, M., and Segal, Z. V. *The Mindful Way Workbook: An Eight-Week Program to Free Yourself from Depression and Emotional Distress*, Guilford, New York, 2014.

Tolle, E. *The Power of Now*, New World Library, Novato, CA, 1999.

Williams, A. K., Owens, R., and Syedullah, J. *Radical Dharma: Talking Race, Love, and Liberation*, North Atlantic Books, Berkeley, 2016.

Williams, J. M. G., Teasdale, J. D., Segal, Z. V., and Kabat-Zinn, J. *The Mindful Way Through Depression: Freeing Yourself from Chronic Unhappiness*, Guilford, New York, 2007.

Williams, M. and Penman, D. *Mindfulness: An Eight-Week Plan for Finding Peace in a Frantic World*, Rodale, New York, 2012.

Yang, L. *Awakening Together: The Spiritual Practice of Inclusivity and Community*, Wisdom, Somerville, MA, 2017.

疗愈

Doidge, N. *The Brain's Way of Healing: Remarkable Discoveries and Recoveries from the Frontiers of Neuroplasticity*, Penguin Random House, New York, 2016.

Moyers, B. *Healing and the Mind*, Doubleday, New York, 1993.

Ornish, D. *Love and Survival: The Scientific Basis for the Healing Power of Intimacy,* HaperCollins, New York, 1998.

Remen, R. *Kitchen Table Wisdom: Stories that Heal,* Riverhead, New York, 1997.

Siegel, D. *The Mindful Brain: Reflection and Attunement in the Cultivation of Wellbeing*, W.W. Norton, New York, 2007.

Simmons, P. *Learning to Fall: The Blessings of an Imperfect Life,* Bantam, New York, 2002.

Tarrant, J. *The Light Inside the Dark: Zen, Soul, and the Spiritual Life,* Harper-Collins, New York, 1998.

Van der Kolk, B. *The Body Keeps the Score: Brain, Mind, and Body in the Healing of Trauma*, Penguin Random House, New York, 2014.

诗歌

Eliot, T. S. *Four Quartets*, Harcourt Brace, New York, 1943, 1977.

Lao-Tzu, *Tao Te Ching*, (Stephen Mitchell, transl.), HarperCollins, New York, 1988.

Mitchell, S. *The Enlightened Heart*, Harper & Row, New York, 1989.

Oliver, M. *New and Selected Poems*, Beacon, Boston, 1992.

Tanahashi, K. and Leavitt, P. *The Complete Cold Mountain: Poems of the Legendary Hermit, Hanshan*, Shambhala, Boulder, CO, 2018.

Whyte, D. *The Heart Aroused: Poetry and the Preservation of the Soul in Corporate America*, Doubleday, New York, 1994.

其他阅读推荐

Abram, D. *The Spell of the Sensuous*, Vintage, New York, 1996.

Ackerman, D. *A Natural History of the Senses,* Vintage, New York, 1990.

Blackburn, E. and Epel, E. *The Telomere Effect: A Revolutionary Approach to Living Younger, Healthier, Longer*, Grand Central Publishing, New York, 2017.

Bohm, D. *Wholeness and the Implicate Order,* Routledge and Kegan Paul, London, 1980.

Bryson, B. *A Short History of Nearly Everything,* Broadway, New York, 2003.

Davidson, R. J., and Begley, S. *The Emotional Life of Your Brain*, Hudson St. Press, New York, 2012.

Glassman, B. *Bearing Witness: A Zen Master's Lessons in Making Peace,* Bell Tower, New York, 1998.

Greene, B. *The Elegant Universe,* Norton, New York, 1999.

Harris, Y. N. *Sapiens: A Brief History of Humankind*, HarperCollins, New York, 2015.

Hillman, J. *The Soul's Code: In Search of Character and Calling,* Random House, New York, 1996.

Karr-Morse, R. and Wiley, M. S. *Ghosts from the Nursery: Tracing the Roots of Violence,* Atlantic Monthly Press, New York, 1997.

Katie, B. and Mitchell, S. *A Mind at Home with Itself*, HarperCollins, New York, 2017.

Kazanjian, V. H., and Laurence, P. L. (eds.). *Education as Transformation,* Peter Lang, New York, 2000.

Kurzweil, R. *The Age of Spiritual Machines,* Viking, New York, 1999.

Luke, H. *Old Age: Journey into Simplicity*, Parabola, New York, 1987.

Montague, A. *Touching: The Human Significance of the Skin,* Harper & Row, New York, 1978.

Palmer, P. *The Courage to Teach: Exploring the Inner Landscape of a Teacher's Life,* Jossey-Bass, San Francisco, 1998.

Pinker, S. *The Better Angles of Our Nature: Why Violence Has Declined*, Penguin Random House, New York, 2012.

Pinker, S. *Enlightenment Now: The Case for Reason, Science, Humanism, and Progress*, Penguin Random House, New York, 2018.

Pinker, S. *How the Mind Works*, W.W. Norton, New York, 1997.

Ravel, J.-F. and Ricard, M. *The Monk and the Philosopher: A Father and Son Discuss the Meaning of Life*, Schocken, New York, 1998.

Ricard, M. *Altruism: The Power of Compassion to Change Yourself and the World*, Little Brown, New York, 2013.

Ryan, T. *A Mindful Nation: How a Simple Practice Can Help Us Reduce Stress, Improve Performance, and Recapture the American Spirit*, Hay House, New York, 2012.

Sachs, J. D. *The Price of Civilization: Reawakening American Virtue and Prosperity*, Random House, New York, 2011.

Sachs, O. *The Man Who Mistook His Wife for a Hat*, Touchstone, New York, 1970.

Sachs, O. *The River of Consciousness*, Knopf, New York, 2017.

Sapolsky, R. *Behave: The Biology of Humans at Our Best and Worst*, Penguin Random House, New York, 2017.

Schwartz, J. M. and Begley, S. *The Mind and the Brain: Neuroplasticity and the Power of Mental Force*, HarperCollins, New York, 2002.

Singh, S. *Fermat's Enigma*, Anchor, New York, 1997.

Tanahashi, K. *The Heart Sutra: A Comprehensive Guide to the Classic of Mahayana Buddhism*, Shambhala, Boulder, CO, 2016.

Tegmark, M. *Life 3.0: Being Human in the Age of Artificial Intelligence*, Knopf, New York, 2017.

Tegmark, M. *The Mathematical Universe: My Quest for the Ultimate Nature of Reality*, Random House, New York, 2014.

Turkle, S. *Alone Together: Why We Expect More from Technology and Less from Each Other*, Basic Books, New York, 2011.

Turkle, S. *Reclaiming Conversation: The Power of Talk in a Digital Age*, Penguin Random House, New York, 2015.

Wright, R. *Why Buddhism Is True: The Science and Philosophy of Meditation and Enlightenment*, Simon & Schuster, New York, 2017.

正念冥想

《正念：此刻是一枝花》

作者：[美] 乔恩·卡巴金　译者：王俊兰

本书是乔恩·卡巴金博士在科学研究多年后，对一般大众介绍如何在日常生活中运用正念，作为自我疗愈的方法和原则，深入浅出，真挚感人。本书对所有想重拾生命瞬息的人士、欲解除生活高压紧张的读者，皆深具参考价值。

《多舛的生命：正念疗愈帮你抚平压力、疼痛和创伤（原书第2版）》

作者：[美] 乔恩·卡巴金　译者：童慧琦 高旭滨

本书是正念减压疗法创始人乔恩·卡巴金的经典著作。它详细阐述了八周正念减压课程的方方面面及其在健保、医学、心理学、神经科学等领域中的应用。正念既可以作为一种正式的心身练习，也可以作为一种觉醒的生活之道，让我们可以持续一生地学习、成长、疗愈和转化。

《穿越抑郁的正念之道》

作者：[美] 马克·威廉姆斯 等　译者：童慧琦 张娜

正念认知疗法，融合了东方禅修冥想传统和现代认知疗法的精髓，不但简单易行，适合自助，而且其改善抑郁情绪的有效性也获得了科学证明。它不但是一种有效应对负面事件和情绪的全新方法，也会改变你看待眼前世界的方式，彻底焕新你的精神状态和生活面貌。

《十分钟冥想》

作者：[英] 安迪·普迪科姆　译者：王俊兰 王彦又

比尔·盖茨的冥想入门书；《原则》作者瑞·达利欧推崇冥想；远读重洋孙思远、正念老师清流共同推荐；苹果、谷歌、英特尔均为员工提供冥想课程。

《五音静心：音乐正念帮你摆脱心理困扰》

作者：武麟

本书的音乐正念静心练习都是基于碎片化时间的练习，你可以随时随地进行。另外，本书特别附赠作者新近创作的"静心系列"专辑，以辅助读者进行静心练习。

更多>>>　　《正念癌症康复》 作者：[美] 琳达·卡尔森 迈克尔·斯佩卡

心理学大师经典作品

红书
原著：[瑞士] 荣格

寻找内在的自我：马斯洛谈幸福
作者：[美] 亚伯拉罕·马斯洛

抑郁症（原书第2版）
作者：[美] 阿伦·贝克

理性生活指南（原书第3版）
作者：[美] 阿尔伯特·埃利斯 罗伯特·A.哈珀

当尼采哭泣
作者：[美] 欧文·D.亚隆

多舛的生命：
正念疗愈帮你抚平压力、疼痛和创伤（原书第2版）
作者：[美] 乔恩·卡巴金

身体从未忘记：
心理创伤疗愈中的大脑、心智和身体
作者：[美] 巴塞尔·范德考克

部分心理学（原书第2版）
作者：[美] 理查德·C.施瓦茨 玛莎·斯威齐

风格感觉：21世纪写作指南
作者：[美] 史蒂芬·平克

暂停一刻，

就一刻，

然后"坠入"觉醒。

此刻，

"当下"这个永恒的时刻，

是我们唯一能够真正拥有的时刻，

你已经足够好、足够完美。

作者简介

乔恩·卡巴金（Jon Kabat-Zinn），博士，享誉全球的正念大师、"正念减压疗法"创始人、科学家和作家。马萨诸塞大学医学院医学名誉教授，创立了正念减压（Mindfulness-Based Stress Reduction，简称MBSR）课程、减压门诊以及医学、保健和社会正念中心。

卡巴金在诺贝尔奖得主萨尔瓦多·卢瑞亚的指导下，于1971年获得麻省理工学院分子生物学博士学位。他的研究生涯专注于身心相互作用的疗愈力量，以及正念冥想训练在慢性疼痛和压力相关疾病的患者身上的临床应用。卡巴金博士的工作促进了正念运动在全世界的发展，使正念得以融入主流社会和其他不同领域与机构，诸如医学、心理学、保健、职业体育、学校、企业、监狱等。现在世界各地的医院和医疗中心都有正念干预和正念减压课程的临床应用。

卡巴金博士因其在正念和身心健康方面的卓越成就，屡获殊荣：1998年，获得加利福尼亚旧金山太平洋医疗中心健康与康复研究所的"艺术、科学和心灵治疗奖"；2001年，因在整合医学领域的开创性工作获得加利福尼亚州拉霍亚斯克里普斯中心的"第二届年度开拓者奖"；2005年，获得行为与认知疗法协会的"杰出朋友奖"；2007年，获得布拉维慈善整合医学合作整合医学开拓者先锋奖；2008年，获得意大利都灵大学认知科学中心的"思维与脑奖"；2010年，获得禅学促进协会的"西方社会采纳佛学先锋奖"。